普通乡村非成片历史建筑保护研究

邢双军　著

图书在版编目（CIP）数据

普通乡村非成片历史建筑保护研究 / 邢双军著. -- 北京：中国原子能出版社, 2020.10
ISBN 978-7-5221-0886-5

Ⅰ. ①普… Ⅱ. ①邢… Ⅲ. ①村落－古建筑－保护－研究 Ⅳ. ①TU-87

中国版本图书馆CIP数据核字(2020)第177243号

内容简介

本著作紧扣当前我国推进新型城镇化建设、振兴乡村战略和保护文化遗产的形式背景，在对国内外乡村历史建筑保护研究的基础上，以独特的视角与敏锐的观察力，选准普通乡村非成片历史建筑保护领域，通过社会调查和实证研究，分析宁波乡村历史建筑的处境，提出了非成片历史建筑概念，论述了普通乡村非成片历史建筑存在的价值，提出了相应的对策。针对普通乡村，提出更契合的历史建筑评判标准，从而化解了在现有评判标准下暂时无法被认定的准历史建筑保护难的问题，并结合实际情况进行了案例设计研究，为普通乡村非成片历史建筑的保护和利用提供了参考。其理论研究成果对于宁波市新型城镇化下普通乡村非成片历史建筑保护，焕发乡村活力，以及提高普通乡村旅游资源品质具有积极而深远的重要意义。

普通乡村非成片历史建筑保护研究

出版发行　中国原子能出版社（北京市海淀区阜成路43号　100048）
责任编辑　高树超
装帧设计　河北优盛文化传播有限公司
责任校对　冯莲凤
责任印制　潘玉玲
印　　刷　定州启航印刷有限公司
开　　本　710 mm×1000 mm　1/16
印　　张　14.25
字　　数　260千字
版　　次　2020年10月第1版　　2020年10月第1次印刷
书　　号　ISBN 978-7-5221-0886-5
定　　价　59.00元

发行电话：010-68452845

前　言

中国是一个农业大国，历史悠久，农耕文化一脉相承。先人给我们留下了众多的乡村传统建筑。如今，中国城市化进程迅速，新农村建设成效显著，乡村面貌焕然一新。但是，普通乡村“非成片历史建筑”由于分布零星分散、经济价值不够凸显而被忽视或未被重视。

历史建筑保护工作内容很广泛，包括成规模、成片的名镇、名村或传统村落，也包括不成规模、非成片的普通乡村中的历史建筑。笔者从事乡村历史建筑保护工作多年，深入乡村进行了广泛的考察、分析和研究，发现普通乡村“非成片历史建筑”处境尴尬，亟待保护。如今，历史建筑保护进入精细化阶段，“非成片历史建筑”保护被摆到了重要地位。本著作就是在此基础上归纳提升而成稿的。

本书成果紧扣当前我国推进新型城镇化建设、振兴乡村战略和保护文化遗产的形式背景，在对国内外乡村历史建筑保护研究的基础上，以独特的视角与敏锐的观察力，选择普通乡村中的“非成片历史建筑”保护领域进行研究。通过深入乡村考察实践，了解历史建筑的生存现状，并对现存的问题进行分析，提出了“非成片历史建筑”概念。进而论述了普通乡村“非成片历史建筑”存在的价值、历史建筑保护目录层级延伸与完善的必要性，以及针对普通乡村提出更契合的历史建筑评判标准，从而化解了在现有评判标准下，暂时无法被认定的准历史建筑保护难的问题，为接下来非成片历史建筑保护对策的提出奠定了基础。最后，结合几个具体乡村的实际情况进行了案例设计研究。本书理论研究成果对于宁波市新型城镇化下普通乡村“非成片历史建筑”保护，焕发乡村活力，以及提高普通乡村旅游资源品质具有积极而深远的重要意义。

本书主要分为四大部分。第一部分是绪论（背景、意义、内容与方法）、普通乡村“非成片历史建筑”的生存现状、问题分析；第二部分是普通乡村“非成片历史建筑”的存在价值、历史建筑保护目录层级的延伸完善、评判指标和保护利用对策研究；第三部分是普通乡村提升改造设计研究实践；第四部分是普通乡村考察图片资料整理。

目　录

第1章 绪 论

建筑作为人类精神文化的载体与历史的传承，在社会高速发展的今天，也在快速发展。现代风格的建筑大面积铺开，如同复印纸一般一张张铺洒在世界各国的每一个角落。在此环境下，乡村历史建筑却因为用地限制，功能落后，配套设施不齐全，而大面积地被人类遗弃、破坏乃至拆除，仅有被列入国家、省、市的文物保护单位或历史建筑保护目录的建筑被完好地保存下来。中国地大物博，从全国范围来看，纳入文物保护单位、历史建筑保护目录中的建筑终归只是一小部分。拯救历史建筑，尤其是乡村历史建筑的任务迫在眉睫。

目前，我国的历史文化遗产保护体系是“文化保护单位、历史文化名城、历史文化街区、历史文化名镇名村、历史建筑”，其中提到历史建筑，更多的是指文化保护单位，或成片的、位于历史街区或名镇名村内的历史建筑。

本书中的普通乡村是指没有进入“名镇名村”或“传统村落”名单目录之外的乡村。“非成片历史建筑”是指规模较小，分布孤立、零星、分散，相邻距离较远的历史建筑。相对于被成片保护起来的“名镇名村”或“传统村落”，其主要特征是所在乡村的历史建筑数量较少、规模不够大，零星分布、不够集中、没有连成片，彼此相邻距离较远、各自相对孤立。

当前，各级政府和公众对历史文化名城名镇名村、历史街区等大范围“面”状的保护已经形成共识，普遍得到较好的重视，而零星散落在全国广大农村地区的“非成片历史建筑”远没有得到重视，其保护工作往往被放在其他工作的后头或无暇顾及。尤其是伴随着村落城镇化、城乡一体化，特别是“合村并居”的开展，不少自然传统村落遭到规模性破坏，很多有着悠久历史的古建筑已经消失或者破损不堪。

普通乡村“非成片历史建筑”由于零星分散、价值不够凸显而往往被忽视或没有受到足够的重视。但是其在乡村文化建设和文化事业发展中起到越来越显著的支撑作用。在新型城镇化快速发展的新形势下，笔者积极学习深刻领会党的十八大、十九大报告精神，深知城镇化未来将成为中国全面建成小康社会的重要载体。推进新型城镇化，不能盲目克隆国外建筑，而是要传承自身的文脉，重塑自身的特色。没有自己的文脉，形不成自己的特色，自身优势就无法发挥，就会千城一面。带着这份责任和使命，组织带领有关师生对浙江省“面”上的访谈调查和对宁波市一些镇、村“点”上的重点考察，对“非成片历史建筑”的生存现状和存在的问题进行研究，探讨了“非成片历史建筑”的存在价值具有区域范围价值潜在性、保护工作广度性、历史表现层次性等特点，提出了相应的保护利用对策，并结合实际情况进行了案例研究，为普通乡村“非成片历史建筑”的保护和利用提供了依据和参考。在此，有必要对本书中的概念和名词进行界定和说明。

历史建筑是指一切具有一定历史价值、艺术价值和科学价值的建筑，其含义与“不可移动文物”“文物古迹”“文物建筑”“古建筑”等有重叠，同时也包括“乡土建筑”“工业遗产”等具有“建筑”形态的新型遗产。

在此要特别强调的是，本书所说的“历史建筑”与历史文化名城领域的“历史建筑”有所不同，加入了广义性、动态性和活化性三个概念。

广义性，即不拘泥于行政法规所规定的历史建筑。遵循建筑是人类创造的空间、环境和体量的原则，凡具有历史价值、特色的建筑群、街区和单体均属于历史建筑范围。而不仅仅是行政主管部门用来划分什么文物单位、文物点，以及所谓的历史建筑。文物保护单位、文物保护点、近现代优秀建筑及历史街区和历史建筑在内的一切具有历史文化价值和在特定历史阶段具有一定影响的、反映民族和地方特色的建筑及环境等都应统一称为历史建筑[①]。

动态性，即考虑时间要素。加入时间轴的概念，用历史的、发展的眼光去鉴别和筛选近现代建筑，新的历史建筑将随着时间的推移不断涌现。历史建筑的概念在时间上是一个动态流变的概念，是一个不断发展的过程，应该运用动态发展的观点来研究历史建筑保护问题。在保护对象上，不仅包括古代和近代优秀建筑，还包括当代的优秀建筑。当代的优秀建筑经过几十年、上百年后就会成为珍贵的历史建筑，从今天开始就应该对它们给予高度关注和得力的保护，以防止它们过早地被破坏！1964年，ICOMOS（国家古迹遗址理事会）大会上通过的《威尼斯宪章》（全称《保护文物建筑及历史地段的国际宪章》）对历史建筑的定义为“历史古迹的要领不仅包括单个建筑物，而且包括能从中找出一种独特的文明、一种有意义的发展或一个历史事件见证的城市或乡村环境。这不仅适用于伟大的艺术作品，而且亦适用于随时光逝去而获得文化意义的过去的一些较为朴实的艺术品。古迹的保护与修复必须求助于对研究和保护考古遗产有利的一切科学技术。”“过去一些较为朴实”意味着动态。

① 汝军红．历史建筑保护导则与保护技术研究[D]．天津：天津大学，2007.

活化性，即在现实社会生活中正在继续发挥作用，人们还在使用这些建筑。“活化”保护历史建筑就是为历史建筑寻得新用途、新生命，展示和发挥历史建筑多方面价值，使社会公众欣赏、体验历史建筑，使历史建筑“动”起来、用起来[①]。历史建筑活化保护要与当地环境改善、与当地人民文化生活品质提升、与当地人民收入增加相结合，要有利于当地环境改善、文化生活品质、人民经济收入增加。历史建筑活化保护与当地社会相结合，就要使建筑能为人所用，为人所浏览、为人所体验、为人所享用。历史建筑活化保护成果要成为当地经济发展或文化发展或社会发展的一种活力，使历史建筑“枯木逢春”[②]。

1.1 背景介绍

1.1.1 国内研究现状

对于历史建筑保护，国内学者做了大量研究。在乡村，已经有很多学者团队对成片的、保存较完整的一些镇（村）进行了考察研究，并纳入中国历史文化名镇（村）保护目录加以保护利用。比如，江苏省昆山市周庄镇、浙江省桐乡市乌镇、安徽省黟县宏村、江西省婺源县沱川乡李坑村。另外，还有一些村落风貌特色鲜明、保存比较完整的乡村，被纳入中国传统村落名单加以保护利用。比如，山西省太原市晋源区晋源街道店头村、上海市闵行区马桥镇彭渡村、浙江省杭州市富阳市龙门镇龙门村、宁波市奉化市溪口镇岩头村、安徽省黄山市黟县西递村、江西省上饶市婺源县江湾镇江湾村等。然而，关于普通乡村“非成片历史建筑”的研究鲜有报道。

武汉大学城市设计学院的邬艳婷研究生和庞弘副教授，是国内最早开始对我国农村零星历史建筑进行关注和研究的。在《华中建筑》（2009 年 10 月 25 日）发表了题为“农村零星历史建筑再生式保护研究——以武汉市黄陂区黄花涝村为例”的文章。指出我国“农村零星历史建筑是相对于古村落而言，指在仍有居民居住的村落中仅存的少量历史建筑，而非规模化大量存在的，同时村落中仍以近现代建筑为主的建筑群。”随着时代发展，对古村落的保护已逐

① 魏震铭．大连历史建筑的“活化”保护对策研究[J].中外企业家，2016（1）：258-259，268.

② 魏震铭．辽宁省历史建筑“活化”保护制度的构建[J].经济研究导刊，2016（3）：178-180.

步引起了社会的重视。然而，中国广大农村中存在更多的是非整体性的零星历史建筑。它们不是成片存在，短时间作为旅游资源开发价值优势也不显著。但它们却是当地历史发展的见证，反映了某一时代甚至几个时代的历史进程及事件，同样是应该予以重视并进行保护利用的。随后很长一段时间，没有人再提起“零星历史建筑”或“非成片历史建筑”。之所以这样，是因为“建设部、国家文物局关于公布中国历史文化名镇（村）（第一批）的通知”是2003年10月8日下达的；“住房城乡建设部 文化部 财政部关于公布第一批列入中国传统村落名录村落名单的通知”是2012年12月17日。人们的主要精力都集中在“名镇”“名村”或“传统村落”这些成规模、成片的历史建筑保护上面，还没有意识到，也无暇顾及“零星历史建筑”或“非成片历史建筑”。

2013年12月12日至13日，中央城镇化工作会议在北京举行。会议指出，城镇化是现代化的必由之路。推进城镇化是解决农业、农村、农民问题的重要途径，是推动区域协调发展的有力支撑，是扩大内需和促进产业升级的重要抓手，对全面建成小康社会、加快推进社会主义现代化具有重大现实意义和深远历史意义。

该会议明确提出推进农业转移人口市民化、提高城镇建设用地利用效率、建立多元可持续的资金保障机制、优化城镇化布局和形态、提高城镇建设水平和加强对城镇化的管理是推进城镇化的六个主要任务。并对“提高城镇建设水平”进一步诠释：城市建设水平是城市生命力所在。城镇建设，要实事求是确定城市定位，科学规划和务实行动，避免走弯路；要依托现有山水脉络等独特风光，让城市融入大自然，让居民望得见山、看得见水、记得住乡愁；要融入现代元素，更要保护和弘扬传统优秀文化，延续城市历史文脉；要融入让群众生活更舒适的理念，体现在每一个细节中；要加强建筑质量管理制度建设；在促进城乡一体化发展中，要注意保留村庄原始风貌，慎砍树、不填湖、少拆房，尽可能在原有村庄形态上改善居民生活条件。

然而我们发现，当前，政府和公众对历史文化名城名镇名村等大范围“面”状的保护比较重视，而对于散落在普通村镇中的“非成片历史建筑”“点”状的保护，往往忽视或没有得到足够的重视。2004年2月1日施行的《城市紫线管理办法》，对城市紫线做出了规定，指定了国家历史文化名城内的历史文化街区和省、自治区、直辖市人民政府公布的历史文化街区的保护范围界线，以及历史文化街区外经县级以上人民政府公布保护的历史建筑的保护范围界线。但对于普通村镇“非成片历史建筑”来说，城市紫线的概念非常模糊，甚至因无相关信息而被忽视。尤其在新型城镇化下，普通村镇“非成片历史建筑”的生存环境恶化，这与新型城镇化建设的初衷格格不入。

在近几年乡村历史建筑保护工作和对乡村历史建筑的调查、分析和研究过程中，发现乡村“非成片历史建筑”处境危险，亟待保护。为此，提出了乡村“非成片历史建筑”概念，并做出解释如下：乡村“非成片历史建筑”有两层含义。其一，本书中的普通乡村是指没有进入“名镇名村”或“传统村落”名单之外的所有村庄；其二，“非成片历史建筑”是相对成片的历史建筑而言的，是指分布孤立、零星、分散、建筑规模较小且彼此之间相邻距离较远的历史建筑。相对于被成片保护起来的“名镇名村”或“传统村落”，其主要特征是所在乡村的历史建筑数量较少、规模不够大，零星分布、不够集中、没有连成片，彼此相邻距离较远、各自相对孤立。

客观地讲，名城、名镇和名村等成片历史建筑的保护研究及其办法制度的制定，为“非成片历史建筑”研究奠定了基础并提供了经验。例如，中国城市规划设计研究院王景慧教授认为，“历史建筑”的保护原则应该是按历史信息的含量来确定保护的部位和利用的强度，保存信息，延年益寿，科学利用，其方法可以设想两种思路，一种是根据有价值历史信息存在的部位决定更新利用的部位，另一种是分析归纳类型的共性，提出保存的要点。

同济大学建筑设计研究院的徐天羽认为，在城市建设的同时，应保护好有价值的历史建筑，同时对这些历史建筑进行合理地改造和再利用，以继续发挥这些有价值的建筑物的作用。

东南大学建筑学院的朱光亚、杨丽霞在对《历史文化名城、名镇、名村保护条例》中历史建筑的定义及其保护要求分析的基础上，结合几个代表性城市和英国在这方面的一些做法和经验，对我国历史建筑保护和管理中存在或产生的一些问题进行了梳理。

华南理工大学建筑学系郑潇认为，历史建筑的更新与发展及新旧建筑的共生是我们这个时代普遍面临的问题，历史建筑的再利用、新旧元素融合成功的案例，在本质上都是运用当代的建筑语言对历史建筑的改造与再利用，体现了“可持续发展”思路。

纵观我国历史建筑保护工作，成绩卓著。成片、集中的历史街区、历史建筑保护得到了较好的重视。但是，大量零散分布在乡村的“非成片历史建筑”，仍然面临着日益加剧的危机和难以解套的僵局。如今，随着认识、实践、制度、机制和管理等方面的进步，已经由名城、名镇和名村等成片历史建筑保护为主，转而开始关注“非成片历史建筑”的保护。在城镇化和新农村建设背景下，我国精准保护历史建筑的新阶段已经到来！本书针对乡村的“非成片历史建筑”进行了分析研究。

新型城镇化要求城镇经济、生态和文化的统筹发展，城镇建设与历史文化遗产保护的协调发展。正如目前我国大多数历史文化遗产的存在价值一样，乡村“非成片历史建筑”同样是传承历史文化的鲜活载体，也是其所在村落个性风貌保持和持续发展的重要元素。因此，加快“非成片历史建筑”保护步伐的意义日益凸显。

各省市为促进城市建设与历史文化遗产保护协调发展，制定了相应的历史文化名城名镇名村保护条例或办法。对于历史文化名城、街区、名镇、名村以及历史建筑的保护发挥了积极作用，取得了较好的效果。

现实中，除了列入国家、省、市等保护名录的之外，村镇所处状态可以概括为两类：一是新农村建设之初，经济发展明显快速，有实力、动手早、建设快，村落风貌焕然一新；二是经济发展相对缓慢，没有来得及大改、大建，村风村貌正在逐渐改变。对于前者，其历史建筑几乎拆毁殆尽，已经没有机会保护；对于后者，仍留有一些老房旧宅，但处境危险，如果再不抓紧时间进行抢救式保护，也会失去机会、无可再生。所以说，“非成片历史建筑”面临生存危机，命悬一线。在新农村建设的整治、改建以及村民对现代生活向往等需求面前，“非成片历史建筑”及其环境，随时面临被拆除的危险命运①。

目前，政府和公众对历史文化名城名镇名村等大范围“面”状的保护比较重视，而对于散落在普通乡村中的“非成片历史建筑”“点”状的保护，往往被忽视或没有得到足够的重视。2004 年 2 月 1 日施行的《城市紫线管理办法》，对城市紫线做了规定，指定了国家历史文化名城内的历史文化街区和省、自治区、直辖市人民政府公布的历史文化街区的保护范围界线，以及历史文化街区外经县级以上人民政府公布保护的历史建筑的保护范围界线。但对于普通乡村“非成片历史建筑”来说，城市紫线的概念仍非常模糊，甚至因无相关信息而被忽视。尤其在新型城镇化下，普通乡村“非成片历史建筑”的生存环境恶化、命运堪忧。在历史建筑普查工作中，发现不少“非成片历史建筑”已经消失，或者破损不堪，这与新型城镇化建设的初衷格格不入。

从文献资料来看，国内学术界关于普通乡村“非成片历史建筑”进行的研究较少，更多的是对名城、名镇、名村的保护研究。知网上关于“非成片历史建筑”和零星历史建筑关键词进行搜索，文献资料少有报道，数量只有个位

① XING Shuang Jun. Researches on Protection of Rural Historical building and Development of Villages Individual Style[J]. Applied Mechanics and Materials, 2013（2155）: 32-36.

数。另外，对于“非成片历史建筑”的学术名词还没有统一标准，需要对研究课题中的有关名词加以界定说明。大量零散分布的“非成片历史建筑”仍然面临着日益加剧的危机和难以解套的僵局。

在此背景下，对普通乡村“非成片历史建筑”保护进行研究十分必要。只有通过深入研究，才能找到化解普通乡村“非成片历史建筑”被忽视、被冷落、被消极等待、被无暇顾及、被漠视存在价值等的问题或现象。

1.1.2　国外研究现状

相较而言，西方发达国家乡村建设和历史建筑保护方面开展的时间较早，有许多值得我国学习的做法和经验。然而，有关“非成片历史建筑”保护方面的研究文献少有报道。相关文献少的原因，可能与国家经济社会发展、城乡结构和建筑传统等因素有关，也与中国“三农”工作的特殊性以及城镇化速度的超常性有关。与世界其他国家相比，与人类城市发展历史的任何一个阶段相比，无论从规模和速度上讲，中国的城镇化都是第一的[①]。

历史建筑存在于城市，也存在于乡村。新农村建设和历史建筑保护在实际工作中是有一定的交集的。这里研究的是普通乡村中的非成片的历史建筑，是特定环境下的历史建筑。所以，其涉及乡村建设领域，也涉及历史建筑保护领域。

1. 发达国家乡村建设

欧洲法国、葡萄牙、西班牙、意大利、奥地利、德国、荷兰、比利时、卢森堡和英国等 10 个发达工业化国的乡村公共服务设施和社区性基础设施水平的概况如下：乡村社区型公共服务设施水平低下，而乡村社区型基础设施水平趋近于城市；乡村社区在空间形体上还是农村的，而在社会经济活动上趋近于城市；乡村社区的开发建设受到各类约束，而保持了乡村不同于城市的特征。在乡村社区里，从建筑风格、空间布局和整体氛围上，可以深切地感受到这些乡村社区或多或少传承了它们各自的历史时空。“历史的乡村社区”具有住宅建筑风格依然如旧、住宅多样性依然如旧、乡村社区的标志性建筑依然如旧、乡村社区的社会氛围依然质朴、乡村社区的自然环境依然未改等历史视觉特征。欧洲经过了 300 多年的工业化，经过了不计其数的战争，但是，至今仍

---

① 叶齐茂．发达国家乡村建设考察与政策研究：Field survey and studies on the rural construction policies of developed countries[M]. 北京：中国建筑工业出版社，2008：256-257..

然保留着异彩纷呈的农村住宅风貌[①]。

2000年，欧洲发达工业国家推行“领导+”（leader+）的规划方式。按照欧盟乡村发展基金规定，任何新城社区要想获得欧盟资助的乡村发展资金，都必须围绕“最好地利用自然和文化的资源、改善乡村生活质量、增加地方产品的价值、发扬已有的技术和创造新技术”四个主题之一或一个以上主题来制定他们社区的发展计划和选择开发项目。

资料显示，到2004年底，在欧盟推荐的四个乡村发展论题中，选择最多的项目是“最好地利用自然的和文化的资源”。在德国、法国、比利时、奥地利、荷兰、意大利、英国，选择“最好地利用自然的和文化的资源”的乡村社区超过40%，认为它们自然的和文化的资源是留给后代的珍贵遗产，需要加以保护。欧洲人认为，自然的和文化的资源是在社区层面上推进可持续发展的关键动力。事实上，欧洲的历史如此悠久，虽然许多历史文化遗产已经消失、支离破碎或者褪色。但是，他们认为，尚存的一部分仍然能够成为综合的乡村发展战略中的一个关键因素。在他们看来，自然的和文化的资源都具有区域的性质。山川河流和野生动植物构成了一个地区的自然景观；原始村落留下来的残垣断壁能够产生出独特场所的意义[②]。

说到“最好地利用”，不得不提到“艺术牧场”和“旧村落广场”两个案例。荷兰的“艺术牧场”项目的启发是，如果能够不破坏自然环境，不破坏乡村社区已有的和谐气氛，又能够长时间调动社区居民参与发展，那么就是最好地利用了自然和文化资源。意大利的“旧村落广场”项目的启发是，如果能够在利用自然和文化资源的同时，改善乡村生活质量，那么这种对自然和文化资源的利用就是最好的[③]。

城镇化的早期阶段经常出现“过度城镇化”，即城镇的核心区人口过分集聚，乡村趋于萎缩，导致原有的城镇结构无法维系。这是典型的发展中国家的情况。在郊区化阶段，城镇核心区域和郊区人口不增反减，郊区人口不减反增，这是出现在一般发达国家的现象。在逆城镇化阶段，城镇核心区域和郊区人口均减，居住在乡村的人口不是萎缩而是维持稳定，而在城镇复苏更新时，

① 叶齐茂．发达国家乡村建设考察与政策研究：Field survey and studies on the rural construction policies of developed countries[M]. 北京：中国建筑工业出版社，2008：268.

② 叶齐茂．发达国家乡村建设考察与政策研究[J]. 中国建筑工业出版社，2008（7）：353.

③ 叶齐茂．发达国家乡村建设考察与政策研究[J]. 中国建筑工业出版社，2008（7）：355-356.

城市核心区人口有所增长。同时，居住在乡村的人口继续维持稳定增长，这是高度发达国家的现象。从20世纪50年代至今，高度发达国家从郊区化、逆城市化，再到区域的城镇化的历史过程正在全球城镇化中逻辑地重现[①]。

发达国家乡村建设有经验，也有教训。比如，摧毁村庄的历史空间形态已经被欧洲人证明是错误的。一位德国规划师说，在许多国家，低收入的人们常常生活在那些具有历史意义的空间形态里；而富裕的人们认为，那些地方不值得被保护，于是他们摧毁了那些历史的空间形态。

2.发达国家历史建筑保护

众所周知，西方国家在历史建筑保护方面时间较长，有许多值得我国学习的做法和经验。早在20世纪60年代至20世纪70年代，意大利建筑师阿尔多·罗西就提出了场所精神的概念，并强调要引入时间维度，使人们关注城市的历史延续以及城市建筑的人文价值，充分利用历史建筑的文化价值，使当代建筑与城市更有文化底蕴。意大利把“文物”分为重要文化价值建筑、特色建筑、地方价值建筑和一般建筑等四级。其中，地方价值建筑，仅保存外观，室内可以改动加入现代化的设施，以便更好地加以使用；文物建筑周围环境中的近现代的一般建筑，只保存外形，也可以原样重建。

法国于1996年成立法国文化遗产基金会，以专门维护已经登录但未定级的地方文化古迹。法国将要保护的文物定为“历史建筑”加以严格保护，要求在公布名单时写明该建筑应该保护的内容和具体部位，在实施保护或利用时对这个部位严格保护，其他地方则可以相对灵活。

英国在地方名录保护制度的设立和运转方面更有较为丰富的经验以资借鉴。英国的建筑遗产保护体制中，与我国的历史建筑对应的是由地方政府登录和管理的具有地方重要性的“地方名录”。

日本在重视现代农村文明的培育和发展的进程中，没有忽视对传统文化和传统文明的保持、传承和发展。日本在农村走向现代化的建设过程中，在追求物质文明的同时，也关注精神文明，十分重视市町村民对家乡（或所居住市町村）的认同感。为凝聚人心，引导个人行为，共建和谐家园，日本各市町村普遍制定有市町村章和市町村民宪章的习俗。

可见，在传统村落的保护利用方面，西方发达国家已经取得了很大的成就。首先，高度重视教育与引导；其次，法规机制比较健全，针对性、实效性

① 叶齐茂．发达国家乡村建设考察与政策研究：Field survey and studies on the rural construction policies of developed countries[M]．中国建筑工业出版社，2008.

强；再次，技术指导全面而细致，保护利用方面的技术人才充足；最后，逐步形成了比较完善的推荐系统，让更多的人能够了解并共享传统村落保护所带来的利益。增强村落的造血功能，提振村落自身的活力，增强村民的保护自觉和文化自豪感。

1.2　研究意义

新型城镇化要求城镇经济、生态和文化的统筹发展，以及城镇建设与历史文化遗产保护的协调发展。历史建筑是文化，是记忆；保护历史建筑是使命，是职责，是文化传承所需，是大众心灵所托。正如目前我国大多数历史文化遗产的存在价值一样，普通村镇“非成片历史建筑”同样是传承历史文化的鲜活载体，也是其所在村镇村落个性风貌保持和持续发展的重要元素。因此，加快“非成片历史建筑”保护步伐的意义日益凸显。

党的十八大报告提出：“努力建设美丽中国，实现中华民族永续发展。”美丽乡村建设是实现美丽中国的重要抓手，是美丽中国建设的重要战略支撑，是美丽中国建设的基础和前提，也是推进生态文明建设和提升社会主义新农村建设的新工程、新载体。美丽乡村建设不是千篇一律的，而是对于不同的村庄的历史文化、自然生态、民俗风情进行梳理、保护和利用，彰显乡村特色。“非成片历史建筑”的保护与利用对美丽乡村中的新村风貌特色的彰显具有非常重要的作用。例如，突出“一村一品、一村一景、一村一业、一村一韵”的建设主题，着力打造本村优势品牌，建设特色民居村、特色民俗村、现代新村、历史古村等。

中国历史建筑保护，尤其是普通乡村“非成片历史建筑”保护工作面临着巨大挑战。没有现成的经验可以直接拿来使用，只有借鉴国外经验，吸取国外教训，结合中国的实际情况，创新实践，探索自己的道路。

目前，我国的历史文化遗产保护体系是“文化保护单位、历史文化街区、历史文化名城和历史文化名镇（名村）”，其中虽然提到了历史建筑保护，但更多的是指成片历史建筑，而对“非成片历史建筑”没有进行明确的说明和规定。当前，各级政府和公众对历史文化名城、名镇、名村等大范围“面”状的保护已经形成共识，普遍得到较好的重视，而零星散落在广大农村地区的“非成片历史建筑”远没有得到重视，保护工作也放在后头或无暇顾及。

究其原因，除了民众缺少对历史建筑的保护意识之外，主要是对“非成片历史建筑”的概念不够清晰，导致政策、法律、经费等一系列的问题产生。笔者认为，只有明确“非成片历史建筑”的概念，将其纳入历史名城、名镇、名村同等重要地位，才能使广大农村地区的“非成片历史建筑”被视为珍宝。因为“非成片历史建筑”曾经浓缩或承载着历史长河中闪光的片段、生命的印记、人文的光芒。把“非成片历史建筑”保护好、利用好，让这些精彩的原作缀成一串串珍珠来打动人、感动人、激励人，将是农村发挥特色优势的巨大财富。

经过相当一段时间的新农村建设和实践，人们对历史建筑的保护、利用和发展内涵的认识逐步加深。这可从国家层面的有关规范条例出台时间先后顺序看出：2005 年《历史文化名城保护规划规范》；2008 年国务院第 3 次常务会议通过《历史文化名城名镇名村保护条例》。注意文件题目中关键词由“名城”到“名城名镇名村”的变化，反映出有关部门越来越关注到新农村建设中的传统文化保护问题。同样，地方政府也是这样。宁波市 2005 年评选出首批 10 个市级历史文化名村，2014 年又确定第二批“市级历史文化名村”名单，同时开展了宁波市历史建筑普查及信息化工作。2015 年，宁波市第十四届人民代表大会第五次会议通过了《宁波市历史文化名城名镇名村保护条例》，政策制度应随时代的需求而与时俱进。

回顾过去，伴随着乡村工业化、村落城镇化、农民市民化、城乡一体化，尤其是“合村并居”等如火如荼地发展，广大农村发生了翻天覆地的改变。新农村建设有成功经验，也有惨痛教训。不少自然传统村落遭到规模性破坏，很多有文化底蕴的建筑以后都只能在一张张照片中看见。如今，不能让普通乡村“非成片历史建筑”遭受破坏的悲剧再重演。

“非成片历史建筑”与成片历史建筑一样，同样是传承历史文化的鲜活载体，怎样保护、传承与发展相统一是摆在人们面前的一个重要课题。所以，急需加快推进“非成片历史建筑”保护步伐。明确提出“非成片历史建筑”的概念，并着重进行保护、利用和发展，在当下有着非常深刻的意义。

本研究成果可以为有关部门在非成片历史建筑保护方面提供决策参考，理论上可以丰富历史建筑保护中关于“非成片历史建筑”保护这方面的文献资料。通过学术主张助推和加快“非成片历史建筑”保护步伐，为促进城乡建设与历史文化遗产保护提供支持。因而，本项目的研究对加强新型城镇化进程中的“非成片历史建筑”保护，提升中国传统文化软实力，提高乡村旅游资源品质，促进人文生态中的精神价值观念的提升、公众生态意识的增强，促进新农村内涵的丰富，展现特色鲜明的地域魅力，推动乡村人文生态环境持续发展等具有积极而深远的重要意义。

1.3　课题研究的实施、主要内容、思路、方法及成效

1.3.1　课题研究的实施

普通乡村"非成片历史建筑"保护研究实施分为四个阶段进行。

首先，调查工作的开展是先"面"后"点"，点面结合的方式进行。"面"上，对全省11个地区进行访谈问卷调查；"点"上，对宁波地区乡镇（村）进行实地调查，获取有关信息资料。

其次，普通乡村"非成片历史建筑"保护的理论研究。对普通乡村和"非成片历史建筑"进行了明确定义，为接下来的工作提供了理论支持。进而对普通乡村的"非成片历史建筑"保护目录层级的延伸、评判标准新构想等进行研究，并取得进展。

再次，以宁波市鄞州区东吴镇所辖天童村、童一村、三塘村、蒙顶山村等为例，进行乡村改造提升设计研究。

最后，基于以上素材积累、理论研究和设计实践，进行综合提炼，撰写学术专著。

1.3.2　主要研究内容

理论研究。通过围绕研究课题查阅文献资料，对普通乡村"非成片历史建筑"进行了理论研究，对普通乡村和"非成片历史建筑"有关概念和名词给出定义、划定范围和明确类别。

建筑研究。通过深入乡村实地考察，对普通乡村仍然存留的"非成片历史建筑"进行实地考察，采集丰富的图像信息资料，为进一步研究周边空间环境和建筑主体奠定基础。

价值研究。对普通乡村"非成片历史建筑"的特点、价值、生存现状、存在问题等进行了深入研究，阐述了普通乡村"非成片历史建筑"保护意义。

历史建筑保护目录层级的延伸与完善研究。根据普通乡村"非成片历史建筑"的层次性特点，提出了历史建筑保护目录层级延伸至镇（村）的建议，并对各层级之间的关系进行了论述。

评判标准。基于普通乡村"非成片历史建筑"的实际情况，构建了"基于人群归属感的历史建筑评判标准"，为实现历史建筑的"先保护再论证"奠定了基础。

设计研究。结合具体村庄，进行改造提升设计研究，制定建筑规划方案，以指导和促进普通乡村“非成片历史建筑”的保护利用，保持村落风貌特色，焕发乡村活力。

对策研究。针对问题，分析原因、寻找途径和提出对策，为普通乡村“非成片历史建筑”保护利用提供参考借鉴。

最后，基于以上各项专题研究的不断积累，梳理各专题部分内容之间的逻辑关系，拟定出整本书的结构框架，安排各章节的先后顺序，加以完善，形成书稿。

1.3.3　研究思路

在文献资料研究的基础上，通过对“传统村落”“名镇名村”及“普通乡村”不同类型乡村的实地调查，分析其历史建筑的存量、质量、规模大小、疏密程度等情况，进行纵横向比较研究，揭示“非成片历史建筑”文化价值对普通乡村建设的重要作用，提出活化保护和利用“非成片历史建筑”的方案对策，助力普通乡村在美丽乡村建设中走出自己的特色之路。研究思路如图 1–1 所示。

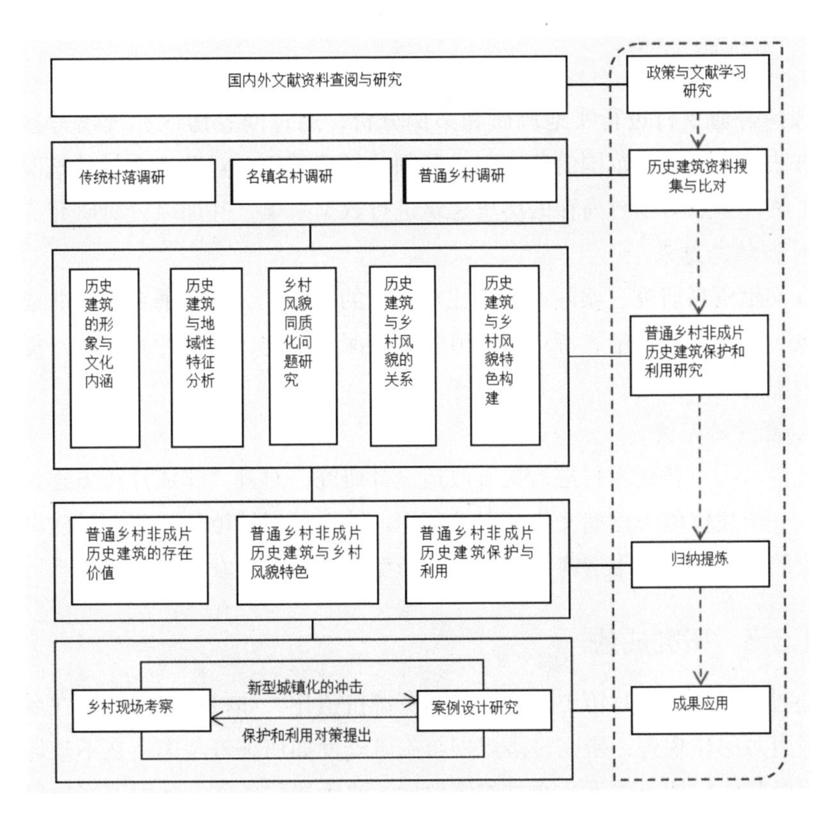

图 1–1　研究思路框图

1.3.4 研究方法

1. 文献资料法

利用图书馆、数字资源及互联网查阅相关文献资料、政策报告等，开展文献综述和理论研究。阅读相关的文献资料、政策报告等，对各级有关历史建筑保护、名城名镇名村、中国传统村落有关文件学习研读，结合现状进行总结归纳。将调查数据进行比较分析，得出浙江省内文化设施、文化活动以及传统文化特点，近几年新农村的建设成效，以及需求分析。

2. 比较分析法

对调查数据进行比较分析，了解近几年普通乡村历史建筑保护大体情况，将成片历史建筑和“非成片历史建筑”进行比对研究，对两者在政策经费、分布数量、发展先后等方面进行比较研究。找出两者的共同点和差异点，分析普通乡村“非成片历史建筑”的存在价值和保护意义，为在乡村风貌特色构建、落实乡村振兴、建设美丽乡村中发挥“非成片历史建筑”的作用提供理论依据。

3. 实地调查法

选择普通乡村进行实地调研和案例分析，通过问卷访谈和现场考察相结合的方法，进行较大范围的普查与小范围的细致调研，对普通乡村的概况进行调查了解，重点对乡村尚存的历史建筑进行数据采集，并加以分析研究。

4. 归纳总结法

在文献资料研究、实际调研和比对研究的基础上，对普通乡村“非成片历史建筑”所涉及的数量、特点、价值等进行深入研究，构建评判标准，提出保护和利用的对策方略。

5. 案例研究法

选择若干个普通乡村进行提升改造设计研究，对其“非成片历史建筑”进行分析—阐述价值—挖掘文化—保护利用。结合新型城镇化和新农村建设，提出相应的保护和再利用措施，使之融入新型城镇化和新农村建设。

1.3.5 研究成效

通过探讨“非成片历史建筑”生态资源价值化，如村落风貌价值在乡村旅游中吸引力的体现等，研究村落规划与旅游开发如何统筹考虑，在不破坏历史建筑原有整体结构条件下，通过建筑设计，改善居住条件，从而更好地保护历史建筑。

本项目主要是通过对普通乡村“非成片历史建筑”的现状进行调查分析，深入研究普通乡村“非成片历史建筑”的存在价值，呼吁重视并出台有关“非成片历史建筑”保护方面的政策，结合宁波普通乡村“非成片历史建筑”的实际情况，提出历史建筑评判标准和相应的保护对策，填补宁波地区乃至浙江省及全国范围的普通乡村“非成片历史建筑”的保护在学术上的空白。

有关研究成果对加强宁波市新型城镇化进程中“非成片历史建筑”的保护，丰富宁波历史建筑保护方面的文献资料，提升宁波传统文化软实力，提高人民群众文化生活质量，促进人文生态中的公众生态意识的增强、新农村建设中的文化遗产保护利用，促进新农村内涵的丰富等具有积极而深远的重要意义。

1.4 成果主要章节框架及设置思路

1.4.1 成果主要章节框架

第 1 章为绪论：主要介绍本研究的国内外现状、研究意义、研究内容和研究方法；定义相关概念，提出普通乡村“非成片历史建筑”的概念，并加以定义，划定范围和明确类别。

第 2 章为普通乡村“非成片历史建筑”的生存现状：通过乡村实地调查，在获取了大量信息资料的基础上，对普通乡村中的历史建筑的实际情况进行分析研究。

第 3 章为普通乡村“非成片历史建筑”的问题分析：主要介绍“非成片历史建筑”在保护意识、维护费用、舆论宣传和产权法律等方面存在的问题。

第 4 章为普通乡村“非成片历史建筑”的特点与价值：主要对普通乡村“非成片历史建筑”的特点与价值进行了深入研究，指出普通乡村“非成片历史建筑”除了具有成片历史建筑的共性之外，还具有层次性、广度性、持续性和潜在性等特点；在学术上补充和丰富历史建筑保护理论和实践体系；从保护利用、历史故事、带动旅游、乡亲归属感等角度，阐述乡村“非成片历史建筑”的保护意义。

第 5 章为历史建筑保护目录层级的延伸与完善：主要从历史建筑保护目录层级的现状、历史建筑保护目录层级延伸的依据、历史建筑保护目录层级延伸的意义进行了论述。

第 6 章为普通乡村“非成片历史建筑”评判标准新构想：提出基于人群归属感的历史建筑评判标准。在借鉴我国现阶段历史建筑的价值评价体系的基础上，基于乡村“非成片历史建筑”的实际情况，提出了源于地域性的评判指标架构，设计制定“基于人群归属感的历史建筑评判标准”，为实现历史建筑的“先保护再论证”奠定基础，化解“非成片历史建筑”的“身份”问题。

第 7 章为普通乡村“非成片历史建筑”的保护策略：提出打通城乡房产流通渠道，建立双向流动居住机制。打通城乡房产流通渠道，实现城乡资金双向流动和人员双向流动，有利于实现乡村“非成片历史建筑”的活化保护；建议向“众筹”要资金、向“分享”要经济；采用民宿产品“众筹”的方式，将民宿客人变成民宿的股东；借分享经济提高效益，用经济效益保障经费，实现保护、利用和传承。

第 8 章为普通乡村“非成片历史建筑”的展望思考：主要是本研究的主要结论、创新点和有待深化与拓展的空间。

第 9 章为普通乡村提升改造设计研究与实践：主要是改造设计实践。通过到乡村进行实地考察，采集建筑图像资料，从技术、艺术、历史和文化等方面对普通乡村“非成片历史建筑”进行研究。结合具体普通乡村实际情况完善改造设计方案，促进乡村“非成片历史建筑”的保护和利用。

第 10 章为普通乡村“非成片历史建筑”的图片资料：通过对建筑与院落、门与窗、装饰与雕刻、屋脊与山墙等进行分类整理，以便于在设计中根据实际情况加以参考或选择运用。

1.4.2　成果章节设置思路

首先，以文献资料研究和实际乡村调研为基础，分析发现问题。其次，对普通乡村“非成片历史建筑”进行理论研究，给予定义和诠释，研究其价值和特点，通过与成片历史建筑在数量上的广度性、时空归属上的层次性、发展不平衡上的潜在性等进行比对，深刻认识其存在的社会价值和经济价值。再次，提出源于地域性的评判指标架构，设计制定“基于人群归属感的历史建筑评判标准”，化解“非成片历史建筑”的“身份”问题，为实现历史建筑的“先保护再论证”奠定基础。最后，提出保护利用对策，并参与普通乡村“非成片历史建筑”保护与乡村建设的设计实践。

1.5　成果主要观点和创新点

1.5.1　主要观点

“非成片历史建筑”存在的意义深远，作用重大。

（1）得以保留的“非成片历史建筑”是保持村落风貌多样化，并使之持续发展的文脉基础。其对村落风貌多样性的贡献不需要用高深的理论来论证，只要稍微将那些传统建筑与周围的现代建筑进行对比，就能获得直观的感受。

（2）“非成片历史建筑”是经济欠发达地区宝贵的文化财富，是乡村振兴的独特资源，具有巨大的发展潜力。虽然乡村“非成片历史建筑”零星分散、经济价值不够凸显而被忽视或未被重视，但其在乡村文化建设和文化事业发展中起到越来越显著的支撑作用，在乡村知名度、乡村旅游经济资源、文化创意产业经济特色等方面发挥着越来越重要的作用。

（3）普通乡村“非成片历史建筑”除了具有成片历史建筑的共性之外，还具有层次性、广度性、持续性和潜在性等特点。历史建筑保护进入新时期，“非成片历史建筑”保护任务日益加重。

（4）从历史建筑保护工作的长期性来看，“非成片历史建筑”较之于“成片历史建筑”来说，涉及范围更广、总量更多、难度更大，是全国广大乡村历史建筑保护工作中不可忽视的部分，需将“非成片历史建筑”的保护工作放在与后者同等重要的地位去研究、去保护、去开展。

总之，在新型城镇化背景下，“非成片历史建筑”的生存现状和存在的问题令人担忧，亟待相应的对策加以化解。

1.5.2　创新点

1. 理念方面有所创新

首次明确提出普通乡村“非成片历史建筑”的概念。项目组对普通乡村和“非成片历史建筑”进行了定义。给普通乡村“非成片历史建筑”保护划定了范围并明确了类别，为进一步研究奠定了基础。提出了我国历史建筑保护工作，已经由主抓成片历史建筑保护为主，开始转向兼顾或重视“非成片历史建筑”保护。历史建筑保护模式由全面转向纵深，由粗略转向精准。今后，普通乡村“非成片历史建筑”保护将放在与“名镇名村”和“传统村落”同等重要的地位。

2. 内容方面有所创新

首次提出了乡村“非成片历史建筑”的特点与价值。认为乡村“非成片历史建筑”的除了具有成片历史建筑的共性之外，还具有层次性、广度性、持续性和潜在性等特点。在学术上补充和丰富了历史建筑保护理论和实践体系。

3. 评判标准有所创新

提出基于人群归属感的历史建筑评判标准。在我国现阶段历史建筑的价值评价体系的基础上，提出了源于地域性的评判指标架构，解决了“非成片历史建筑”的“身份”问题。

4. 规划设计案例研究

结合新型城镇化和新农村建设这一背景，秉持普通乡村“非成片历史建筑”保护和利用的理念，积极参加普通乡村提升改造乡村规划和建筑改造设计实践，使历史建筑“与时俱进”，融入新型城镇化和新农村建设，增加活力。

5. 村落风貌价值研究

乡村风貌指的是“村庄的面貌、格调，即通过自然和人文景观体现出来的村庄传统、文化，以及村庄生活的环境特征。”乡村风貌特色作为中国美丽乡村建设多样化、乡村居民归属感认同感需求以及乡村旅游文化资源的需求，与千村一面、搬袭外来文化等现象的矛盾已经得到了业界人士的广泛关注。

乡村风貌特色是指乡村的整体形象，即给人的第一整体印象，涉及环境布局、建筑形式、色彩搭配、材料运用、细部装饰纹样。乡村的基础设施、建筑、景观小品则是美丽乡村特色的主要载体。乡村最具吸引力的是它的文化意境。这个意境包括乡村的空间形态、建筑风格、居民生活百态等各类文化载体。“传统村落”和“名镇名村”之所以让人深刻印象，正是因为其较完整地保留了乡村风貌特色。

相对于名镇名村、传统村落，普通乡村风貌特色先天不足，需要站在乡村振兴战略高度，充分认识到“非成片历史建筑”的弥足珍贵，挖掘乡土文脉，焕发村落生机，重视乡村风貌特色的构建和提升，在乡村规划和建筑修缮改造等工作中做好文章。

第2章　普通乡村“非成片历史建筑”的生存现状

普通乡村“非成片历史建筑”调查工作的开展是先“面”后“点”，点面结合的方式进行的。“面”是指对全省11个地区尽可能多地分布调查样本，“点”是指对宁波地区进行实地调研和分析。通过对浙江省宁波、绍兴、温州、金华、丽水等11个地区的农村进行访谈调查，对农村现有老建筑的情况形成一个初步了解。随后，立足宁波市对西坞街道金峨村、道成岙村、鄞江镇东兴村、东吴镇天童村、童一村、三塘村、勤勇村等进行文献研究和实地考察，对农村历史建筑的现状有了进一步的零距离接触。“非成片历史建筑”有保护比较好的，也有损毁较为严重的，其生存现状令人喜忧参半，喜的是“非成片历史建筑”在普通乡村中普遍存在，其中不乏艺术价值较高、别具特色的建筑；忧的是发现大部分“非成片历史建筑”呈现老旧破状态，空间环境被挤压，其生存现状、未来命运令人担忧。人们没有“非成片历史建筑”概念，对“非成片历史建筑”远没有足够的重视。

2.1　“非成片历史建筑”普遍存在，其中不乏精品

对全省11个地区农村现有老建筑的保留情况进行了访谈式问卷调查。因涉及范围广，调查深度相对较浅，所以在此称之为“面”上开展的工作。调查结果显示，在私家园林、寺庙、纪念馆、官府建筑、古街、民宅、桥梁、戏院、宗祠、古树、书院和其他12个类别中，目前农村占有率最高的仍是宗祠。调查样本中，浙江省内有33.11%的农村保留有宗祠；其次是寺庙，比例为15.66%；再次是戏楼或戏院，比例为11.56%。其他类型的老建筑在农村普遍分布较少，如私家园林、官府建筑、民宅、书院、古街等在农村属零星分布。在历史建筑的保存方面，远离城区的村落中有65.8%保留有传统的宗祠，明显高于平均值。所以，远离城区的村落更应该受到关注。

另外，对宁波市有关镇（村）进行了实地调研。因涉及范围较小，调查深度较深，所以在此称之为“点”上开展的工作。比如，对东吴镇35处历史建筑进行调查发现，这些历史建筑中，现存的有32处，消失的有3处。从建筑年代来看，中华人民共和国成立后30年的（20世纪50—80年代）建筑1处、民国建筑17处、明清建筑14处。主要以民居为主，共有21处，占总量的65.6%；另有公共建筑11处，占总量的34.4%。这些历史建筑零星分布在东吴镇所辖的12个行政村，每个村的历史建筑数量上相差较大，空间上分布不均。具体到某个村，历史建筑相隔甚远，往往村东一处，村西一处，有的甚至坐落在村落外。

其中，童一村王氏民居、天童村太白庙、三塘村顺娘庙和陈氏宗祠、画龙村（周家岙）的宗祠等建筑保存比较完好，民俗活动、历史传说也颇具魅力。

2.2　历史文化名城名镇名村、传统村落等政策深入民心

调查显示，历史文化名城名镇名村、传统村落等政策深入民心。村民普遍羡慕名村和传统村落，同时对自己村的历史建筑也引以为豪，希望能得到政府的重视和保护。受益于此，人们对“非成片历史建筑”的保护意识也悄然发生着改变。

其实，经过多年对历史文化名城名镇名村、传统村落等保护政策的宣传、贯彻和实践，人们对历史建筑保护的意识逐步增强。如今，人们对历史文化名城名村名镇大范围成片历史建筑的保护在思想上已经形成共识，普遍得到了较好的重视和保护。走访调查也进一步印证了这一点。

住房和城乡建设部和国家文物局从2003年共同评选“历史文化名村名镇”，加大了对乡村历史文化遗产的抢修力度。到2012年8月22日，根据《住房城乡建设部、文化部、国家文物局财政部关于开展传统村落调查的通知》，制定《传统村落评价认定指标体系（试行）》之后，全国省市各级政府也出台了相应条例或办法，评选省、市级历史文化名村名镇和传统村落，并公布了名村名镇名单和传统村落名录。乡村历史文化遗产保护工作走上了法制轨道。

宁波市历史文化遗产保护工作启动较早。宁波市先后在2005年和2014年评选出首批10个“市级历史文化名村”和第二批17个“市级历史文化名村”，以此更加科学地保护这些历史文化资源。2015年2月8日，宁波市人大

通过了《宁波市历史文化名城名镇名村保护条例》，经浙江省第十二届人民代表大会常务委员会第二十次会议于 2015 年 5 月 27 日批准，自 2015 年 7 月 1 日起施行。第五章对历史建筑保护进行了说明。在此背景下，宁波历史建筑保护工作得到了较快的推进。

2.3　“非成片历史建筑”老旧严重，空间环境被挤压

调查显示，“非成片历史建筑”老旧严重，其周边空间环境多被侵占挤压，存在修缮不及时、不规范，建筑墙体被拆除或墙体立面被水泥覆盖而破相等现象，出租他用存在消防和机械振动等安全隐患。

现场调研发现，历史建筑被村民作为村办工厂用房，有些受到极其严重的损毁。由于不少历史建筑是木结构（砖木结构占总量的 65.6%，木结构建筑占总量的 31.3%），若操作不慎，极易造成火灾，存在很大的安全隐患，同时工厂内设备的机械振动对建筑本身也有非常大的负面影响。

比如，童一村王氏吉房民居位于工厂内，目前用作仓库、车间，存放着大量的易燃物品，内有大量机器设备。对于这处以木结构为主的老建筑来说，存在很大的安全隐患。

历史建筑保护的范围包括历史建筑本体和必要的建设控制区域。实际遭受挤压的就是院落和院墙。图 2–1 为童一村一个历史建筑山墙处的拆除情况，周边空间环境受到严重的挤压。

图 2–1　拆除痕迹及现代楼房建筑对其空间的挤压

部分历史建筑由于缺乏修缮资金，没有得到及时的修缮，在自然因素的作用下，出现不同程度的损毁。也有部分村民对历史建筑进行了改造，但由于缺乏专业知识和保护意识，对历史建筑进行了不当的修缮，破坏了历史建筑原有的风貌。图 2–2 所示历史建筑的部分墙面因被水泥覆盖而破相。

图 2–2　民居被改造维修而破相

图 2–3、图 2–4 是童一村的某老宅，为民国时期建筑。主体坐北朝南，为合院式结构，由前后建筑构成，现已被损毁遗弃。屋顶局部已经塌落，现场内部还能看到失火的痕迹，以及落满灰尘的机器设备、办公桌、账本等，其中一个开间作为仓库单独隔开无法进入。如果没有用于开办工厂、没有失火，显然其是一座非常精美且具有价值的老宅。

图 2–3　东吴镇童一村老宅屋顶破损及院内脏乱环境

图 2–4　童一村老宅屋顶破损（由室内向外看）

图 2–5 是平窑 73 ~ 76 号民居，为清末民国初期建筑，建筑主体坐北朝南，合院式布局，目前西北部已全部损毁。残酷的现实就摆在这里，令人痛惜。难道我们只能给建筑拍“遗像”吗？

图 2–5　平窑 73 ~ 76 号民居西北部已全部损毁

2.4　“非成片历史建筑”未被重视，保护工作任重道远

调查显示，零星散落在普通乡村的“非成片历史建筑”远没有得到重视，其保护工作往往被放在其他工作的后面或无暇顾及。

谈到历史文化遗产保护，大多数人最先想到的是文化保护单位、历史文化名城等，很少想到孤立的历史建筑。一些散落在民间的历史建筑已经寂寞地等待了许多年，甚至其拥有者或使用者都没想过它是不是历史建筑，有什么文化价值。由于没有意识到或看出这些老建筑的价值，其拥有者或使用者不舍得投入，导致它们年久失修，有的甚至已经损毁。

当今，人们对居住环境改善的需求急剧膨胀。一些“非成片历史建筑”虽然好，但是没有经济价值，在老百姓眼中就不值钱，他们认为与其留着它们，不如拆除盖新房。价值天平一旦倾斜，就会在惋惜、矛盾中挤占、拆除老建筑或任其自然损毁。

随着村落城镇化、城乡一体化进程的加快，虽然人们对历史建筑保护的意识、观念有所加强，但普通乡村的“非成片历史建筑”仍面临巨大的危机，保护形势不容乐观。主要问题表现在百姓保护意识淡薄、空置损毁严重、存在安全隐患、责权不够明确、群众参与度不高、保护经费缺失等方面。

究其原因，主要有三方面：一是无法进入“名镇名村”或“传统村落”名单，得不到政府经费支持；二是普通乡村“非成片历史建筑”在旅游开发方面的价值优势不明显，民间资金难以筹集；三是普通乡村居民生活改善需求迫切，内需改造提升导致新建、扩建和改建原有住宅压力增大。总之，普通乡村“非成片历史建筑”保护工作仍处于相对落后状态，保护工作任重道远。

第3章 普通乡村“非成片历史建筑”的问题分析

历史建筑保护是一个让地方政府和相关部门头疼的问题。究其原因，主要有两点：一是随着新型城镇化的迅猛发展，对历史建筑的保护速度、深度和范围远远跟不上城乡建设速度。随着城镇化、城乡一体化、“合村并居”的开展，一些自然村落风貌遭到规模性破坏，很多古老建筑已经消失或者被人为破坏。二是虽然国家对历史文化建筑有法律法规予以保护，但主要针对那些已经被纳入保护目录的历史建筑，那些还没有被纳入“市级”“省级”“国家级”保护目录的历史建筑仍处于法律保护范围之外。

通过对浙江省绍兴、金华、丽水等11个地区的农村进行访谈调查，尤其是对宁波市西坞街道区金峨村、道成岙村，鄞江镇东兴村，东吴镇天童村、童一村、三塘村、勤勇村等实地调查显示，普通乡村“非成片历史建筑”的现实处境恶劣，令人担忧。主要问题表现如下：①村民保护意识淡薄，认为老的、旧的房屋没有保留价值；②出租他用存在消防和机械振动等安全隐患；③经费不到位，修缮不够及时、不够规范，存在建筑墙体被拆除或墙体立面被水泥覆盖而破相等现象；④文化价值宣传不到位，村民对本村老建筑的历史、艺术和科学等价值不了解；⑤产权复杂，实际工作中管理环节困难较大。

可见，普通乡村“非成片历史建筑”保护工作情况不容乐观，需要深入挖掘“非成片历史建筑”的存在价值，从而对症下药，采取有效措施加以保护。

3.1 村民对“非成片历史建筑”保护意识淡薄

今天，大多数村民对历史建筑的保护意识淡薄，有的甚至不知道自己居住的房子是历史建筑，没有认识到其价值，或者明知是老建筑，但在家庭生活空间改善需求的个人的、眼前的利益与历史建筑保护的公众、长远的利益面前，选择了个人的、眼前的利益。如果这个问题得不到解决或改善，历史建筑受到损坏是必然的事。前面提到的童一村王氏吉房民居用作工厂、历史建筑被拆除等情况就充分说明了这一问题。

3.2 存在安全隐患，处境危险，令人担忧

从调查情况来看，历史建筑存在诸多安全隐患，主要表现在以下几个方面：一是强电线路铺设不规范，电路老化严重。比如，裸露在屋檐下梁柱间的电路明线。二是房屋功能的改变导致的不利因素，包括房屋功能的改变和房屋内储存的可燃、易燃物品。比如，房屋的功能发生改变，由具有居住功能变为具有制造、加工等生产功能，而生产所需的动力设备运行中的机械振动对建筑结构产生了不利影响。三是房屋长期空置，任其受自然侵袭，年久失修。为此，需要对历史建筑的保护和使用做出明确的规定，使之进一步规范化。

3.3 经费不到位，修缮不及时、不规范

通过在乡村调查发现，由于经费问题，一些历史建筑没有得到及时修缮或者修缮不规范。出现这类问题的主要原因有两个方面：一是历史建筑保护经费来源比较单一，但实际需求经费很大，以至于产生了经费缺口，更重要的是没有进入保护目录而导致身份不被认同，没有资格得到经费资助等；二是作为历史建筑的拥有者或使用者不懂得历史建筑修缮的基本常识，也不知道求助哪个部门，或求助无果，擅自作为而造成了历史建筑损毁。

3.3.1 经费问题分析

众所周知，历史建筑保护工作的开展离不开资金的支持。凡是列入国家级、省级、市级“中国历史文化名镇名单”“中国历史文化名村名单”或“中国传统村落名录”的（以下简称“保护目录”），根据《历史文化名城名镇名村保护条例》《关于加强传统村落保护发展工作的指导意见》等有关文件规定，会得到有关政府的财政专项经费支持。当然，没有列入“保护目录”的，没有财政专项经费资助。普通乡村“非成片历史建筑”恰恰就没有入选“保护目录”。

进入“名镇名村”或“传统村落”名单意味着将得到国家和地方政府的

资金支持。为了争取更多的经费，村镇在实际工作中会选择把“名镇名村”或“传统村落”保护和申报工作放在优先位置，将普通乡村“非成片历史建筑”保护工作放在后面。

通过十几年的努力，“名镇名村”或“传统村落”的历史建筑保护工作取得了可喜的成效。但“非成片历史建筑”由于不集中、重视程度不够，未来的命运令人担忧。

实际上，不少农村地区“非成片历史建筑”的保护存在困境：产权人消极等待政府拨款，而政府部门因资金问题，将有限的保护经费主要投入“面”状的历史文化名城、名镇、名村，对“点”状分散的“非成片历史建筑”力不从心。长此以往，其后果可想而知。

3.3.2　修缮问题分析

历史建筑修缮不及时、不规范等问题不单单是由于修缮技术不过关，还与经费申请渠道、经费使用管理、历史建筑信息化技术以及专业技术人员教育储备等因素有关。要求历史建筑的拥有者或使用者都具备历史建筑修缮专业知识不太现实，但可以做一些这方面知识的科普工作。修缮工作最好由专业技术队伍来承担。请专业队伍修缮必然涉及专业机构资质问题和修缮经费问题，具备资质的机构的数量和修缮经费申请渠道是否畅通反过来又会影响到历史建筑的拥有者或使用者的决定和选择。当以上问题都能得到解决的时候，相信历史建筑的拥有者或使用者的首选必然是请专业队伍修缮，否则，就可能出现修缮不及时、不规范等问题。

另外，如果历史建筑信息化技术比较成熟并顺利应用于历史建筑保护中，管理部门、专业机构就能及时通过远程网络对历史建筑进行监控、评估，在部门、机构与业主之间搭建平台，创建管理、经费和服务通道，有目标地巡查，精准投放资金，实施修缮，形成主动管理、主动服务、主动修缮的机制。

3.4　历史建筑宣传力度小，生态产业化不够

在现场调研工作中，许多村民非常配合我们的工作，积极带路、主动介绍。但即使是村里的老人，对本村的历史建筑也不是特别清楚，有时候对某处建筑的位置和名称说法不一，常常带错路，张冠李戴。这说明宣传工作还不够到位，责权利也不够明确。

举个例子说明责权利的重要性。在对童一村的王氏吉房民居现场调研时，一位女士说王氏吉房民居是她的房子，在得知我们是大学建筑学专业老师来调研时，充满了自豪，也有很多期盼。在交谈中得知，有不少游人、户外运动爱好者来此参观，但只是看看就走了，不成规模，也没什么经济效益。当她得知只是普查后，眼神中有那么一丝遗憾。在当今经济社会下，产权人希望在守护被保护建筑的同时，能够享有改善居住条件的权利，也希望有增值等经济回报。只有这个问题得到解决，才能有效地保护、利用和发展“非成片历史建筑”。

东吴镇辖区内有国家文物保护单位天童寺和天童国家森林公园，全国各地的游人很多，童一村、三塘村等村子就在附近。王氏吉房民居等历史建筑就在童一村。试想只要成千上万游客中的一少部分人顺便走一走，到附近村子的历史建筑参观一下，将是多么大的人气和经济效益！实际情况却是知晓的人少，游客更少，令人惋惜。究其原因是宣传不到位，没有彰显村落特色优势，没有借助乡村旅游为村民提供增值机会，没有起到应有的人文生态作用。这其实就是生态产业化工作没做好。

在保护工作中要体现大众参与、相互尊重、可持续发展理念，要搞清楚“非成片历史建筑”保护是谁的事、谁说了算。如果政府说了算，一切事情就应该由政府来办；如果某一特定范围公众说了算，这部分公众自然就有义务分担责任；如果产权人说了算，产权人势必要自觉参与到历史建筑的保护工作中。任何事情只有权利没有义务不行，只有义务没有权利也不行。“非成片历史建筑”是政府、公众、集体、个人乃至游客这个利益共同体的事情，所以只有在政府、村落和产权人之间找到平衡点，多方参与、多方投入、多方受益，才能做好“非成片历史建筑”的保护工作。

《孙子兵法》：“上下同欲者胜。”历史建筑保护工作也是这样。当政府、机构、集体和个人在“非成片历史建筑”保护这件事上的利益诉求达成或接近一致的时候，就一定能取得成功。

3.5　历史建筑产权复杂，法规较实际相对滞后

3.5.1　历史建筑产权复杂

调查研究发现，历史建筑的产权相当复杂，有公有的，有村集体的，但大多是私有的，目前用于居住、商业、办公、文娱、教育、宗教、工业等，甚

至空置。根据现有国家政策，不允许城镇居民到农村购买房屋和宅基地，只允许本村成员买卖本村的宅基地，这限制了城镇居民、外村村民对历史建筑的投资。目前，单靠政府投入的资金远远不够，而民间力量受到了历史建筑产权问题的制约，对此，针对农村地区“非成片历史建筑”的实际情况，可以尝试使一部分历史建筑变成“小产权房”，允许在一定范围内流通，吸引外村村民或者城镇居民来使用和保护。

比如，东吴镇内的历史建筑私有比例较高，有 20 处，属于公有的有 11 处，还有 1 处既作为祠堂（公有）又作为居住（私有）。在使用方面，现在以居住为主的共有 17 处（单纯居住），占总量的 53.1%，还有文娱使用 2 处、宗教使用 6 处、空置状态 2 处、宗祠兼老人协会 1 处、宗祠 1 处、居住兼祠堂 1 处、居住兼商业 1 处、居住兼办公 1 处。可见，产权十分复杂。

3.5.2　法规较实际相对滞后

首先，全国性的法规标准是必要的，如国家 2005 年颁布的《历史文化名城保护规划规范》对全国各地的古城保护起到了重要作用。目前，需要针对“非成片历史建筑”制定国家层面的法规，发挥国家层面政策的引领作用。

其次，地方保护政策的制定与实施很重要。不同地区有不同的特点，需要因地制宜，从实际出发制定不同的地方保护政策，做到有法可依、有章可循，形成包括“非成片历史建筑”在内的历史建筑保护格局。比如，2002 年颁布的《上海市历史文化风貌区和优秀历史建筑保护条例》、2004 年颁布的《杭州市历史文化街区和历史建筑保护办法》等地方性条例对历史建筑的保护已迈出可喜的一步。但是，重视程度还不够，有必要出台对“非成片历史建筑”的保护条例或办法。

在“非成片历史建筑”有关政策制定的理念、思路和办法上，可以借鉴中国香港等走在前面的城市的好的做法，也可以借鉴欧美国家的先进经验。

中国香港对历史建筑的保护的政策与方法有其优越性，能较好地平衡文化传承与各方的利益关系，对内地的历史建筑保护有一定的借鉴意义[①]。我们可以在运营模式、制度保障及公众参与等方面借鉴其成功经验的基础之上，因地制宜、自主创新、完善体制，保证历史建筑的健康生存与发展。

美国的纽约市地标法与中国现行的历史建筑保护法规相比，有着多方面

---

① 陈蔚，罗连杰．当代香港历史建筑“保育与活化”的经验与启示[J]．西部人居环境学刊，2015（3）：38-43.

的优势[①]。该法规在历史建筑保护与法律体系对接、等价补偿机制、管理人员构成专业化与本地化、决策权力分配等方面给了我们很多启发。

为使法规便于实际操作，高效开展历史建筑保护工作，首先必须处理好政府文化部门和规划部门之间的管理协同问题。其次，给历史建筑建立“身份证”。传统建筑、历史建筑除了宁波市东吴镇发现的问题以外，其他地方也出现了整栋被搬走或主要构件被盗走的事件，这就需要我们给历史建筑建立“身份证”，以避免此类事情的再次发生。最后，加强“非成片历史建筑”的紫线规划保护。2004 年的《城市紫线管理办法》对城市紫线做了规定，但对广大农村地区来说，城市紫线的概念非常模糊，实际工作中很难操作。在新型城镇化进程中，“非成片历史建筑”的生存命运堪忧。因而，本项目在普查的基础上，把历史建筑位置、坐标参数（包括历史建筑边线和院落线）等纳入规划基础地理信息数据库，提供给市、区（县）规划部门，使之实行紫线规划保护，保证其今后在其他房屋建设或改造时不至于受到空间挤压。

3.5.3 获认证过程遭遇困境

未获认证的历史建筑常常遭遇保护困境。究其原因，主要如下：一是随着城镇化的迅猛发展，一些地方政府或开发商追求眼前利益而疏于对那些具有历史价值和文化价值的建筑的保护，甚至在与拟建项目发生矛盾时，人为破坏这些历史文化建筑。二是虽然国家对历史文化建筑有专门的法律法规予以保护，但主要针对的是那些已经被明确为历史文物的建筑，还未将那些没有经过论证、没有被定性为“市级”“省级”“国家级”的历史建筑纳入法律保护范围内。这就使那些未获认证的历史建筑常常遭遇保护困境。宁波市东吴镇的现场调查情况也说明了这个问题。据了解，广东省清远市已出台《清远市加强历史建筑保护的实施方案》，对可能有价值的历史建筑实施“先行保护，再行论证”，以此解决这一难题。

历史建筑保护工作一定要具备一定的历史观和长远眼光。因为一座历史建筑往前推 30 年可能还看不到它的宝贵之处，但是往后推 30 年，它就可能是需要保护的“文物”了，所以只有“先行保护，再行论证”，才有可能将其在损坏之前保护起来。

综上所述，随着我国城市化进程的加快，尽管现在对历史建筑保护的意

① 陈伟.“纽约市地标法”给中国历史建筑保护的启示[J].中国文化遗产，2015（1）：90-93.

识、观念有所加强，但现实中的矛盾并未得到有效缓解，尤其是“非成片历史建筑”仍面临巨大的危机，保护形势不容乐观。在此强烈呼吁，要树立广义的历史建筑概念和提前保护的意识，实行“先保护再论证”[①]、负面清单制；要在政策、法律和操作层面出台政策制度，给予“非成片历史建筑”明确的身份，并加以大力宣传；要通过财政专项、民间集资、观光旅游、租赁转让等多途径筹集经费，以保护“非成片历史建筑”。

① 苑广阔．“先保护再论证”应成历史建筑保护“金标准”[N].中国艺术报，2015-03-13(002).

第 4 章　普通乡村“非成片历史建筑”的特点与价值

国内外对历史建筑的保护工作一直在进行，只不过各个阶段的重视程度不同而已。在我国，无论城市建设还是农村建设，都存在着古建筑、历史建筑、历史街区的保护等人文生态环境领域的问题。只不过在新农村建设、城镇化进程不断加速的情况下，历史建筑保护工作被推到了风口浪尖。

创新不能离开传统，今天不能忘记历史，未来只能建立在过去的基础之上。只有搞清楚普通乡村“非成片历史建筑”的特点与价值，才能做到发自内心地重视它，才能挖掘出它的文化内涵，从而做好对普通乡村“非成片历史建筑”的保护工作。

“非成片历史建筑”存留现象在我们的身边比比皆是，其文化价值因视角和主体而不尽相同，其社会作用随时代而变化。在对待“非成片历史建筑”存留和价值取向问题上既有热情，又有迷茫。

同样的客体在不同的主体看来，其价值差距很大。但无论社会中的哪个阶层人群，都不可避免地会忽视“非成片历史建筑”的存留、文化价值等。通过比对研究发现，“非成片历史建筑”除了具有历史建筑的一般共性以外，还具有一定的存在价值，体现出了层次性、广度性、持续性等特点。

4.1　普通乡村“非成片历史建筑”的特点

4.1.1　普通乡村“非成片历史建筑”的层次性

因为国家、省、市、镇、村等在经济社会中的地位和角色不同，所以人文生态的内容、形式、规模、影响力等方面有所区别，形成了国家、省、市、乡村等几个不同层次。在多层次人文生态格局框架下，普通乡村“非成片历史建筑”存在的价值不容忽视。按遗产内在价值的大小，可以将遗产分为不同层次，如世界遗产、国家遗产、地区遗产等级别。普通乡村“非成片历史建筑”也是这样，层次不同，价值标准不同。对待历史文化遗产，实际上存在着国家和地方、城市和农村、名村名镇和普通乡村“非成片历史建筑”等不同的标准。

在国家层面，说起中国的民族传统建筑，最先会想到北京故宫。在地区层面，说起北方，首选是四合院；说起江南，首选是小桥流水、粉墙黛瓦。在乡村层面，近现代传统建筑都算得上是乡村人文生态的重要组成部分。传统建筑对村落风貌多样性的贡献是无须用高深的理论来论证的，只要人们将那些传统建筑与周围的现代建筑对比一下，就能获得直观的感受。

毋庸置疑，农民应该是新农村建设的主体，只有农民对家乡的振兴与建设充满热情，对家乡的未来充满信心，积极投身于家乡的建设中，才能改善乡村社会经济、文化生活和环境条件。中国乡村有深厚的历史文化底蕴，需要也应该有自己值得骄傲的东西，可惜过去忽视了这一点。“非成片历史建筑”的存在理应成为当地村民的骄傲。所以，普通乡村“非成片历史建筑”的层次性特点决定了它在所在乡村村民及周边居民心中的地位。

4.1.2　普通乡村“非成片历史建筑”的广度性

与“名镇名村”或“传统村落”相比，普通乡村“非成片历史建筑”具有广度性的特点，涉及范围更广，总量更多，保护难度更大，是全国广大乡村历史建筑保护工作中不可忽视的部分，应予以高度重视。

数据显示（图 4–1、表 4–1、图 4–2、表 4–2），我国有近 60 万个行政村，普通乡村占绝大多数。截至 2019 年 6 月，列入中国“名镇名村”名单的有 800 个，列入中国“传统村落”名录的有 6 819 个，还有 700 多个省级历史文化名镇名村，加在一起的数量在我国所有行政村中的占比仅为个位数，可见保护数量还远远不够。

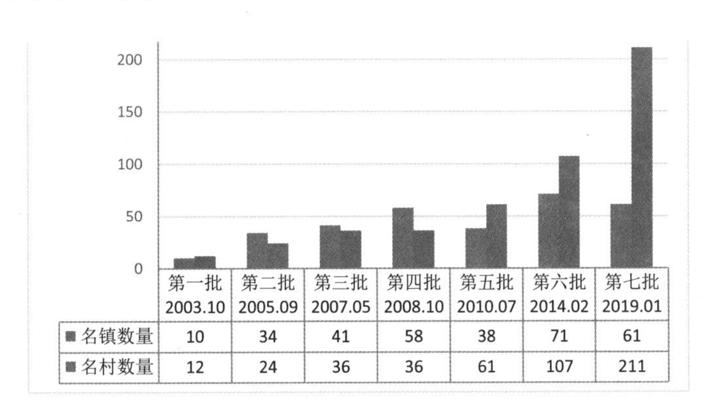

	第一批 2003.10	第二批 2005.09	第三批 2007.05	第四批 2008.10	第五批 2010.07	第六批 2014.02	第七批 2019.01
■ 名镇数量	10	34	41	58	38	71	61
■ 名村数量	12	24	36	36	61	107	211

图 4–1　中国名镇名村数量统计

表 4-1　中国名镇名村名单

批次 国家、省、市	全国名镇名村 / 个		浙江省名镇名村 / 个		宁波市名镇名村 / 个		发文单位
	镇	村	镇	村	镇	村	
第一批（2003 年 10 月 08 日）	10	12	2	2	0	0	中华人民共和国建设部、国家文物局
第二批（2005 年 9 月 16 日）	34	24	4	0	2	0	
第三批（2007 年 5 月 31 日）	41	36	4	2	1	0	
第四批（2008 年 10 月 14 日）	58	36	4	1	0	0	中华人民共和国住房和城乡建设部、国家文物局
第五批（2010 年 7 月 22 日）	38	61	2	9	0	1	
第六批（2014 年 2 月 19 日）	71	107	4	14	0	1	
第七批（2019 年 1 月 21 日）	61	211	7	16	1	5	
合计	800		71		11		

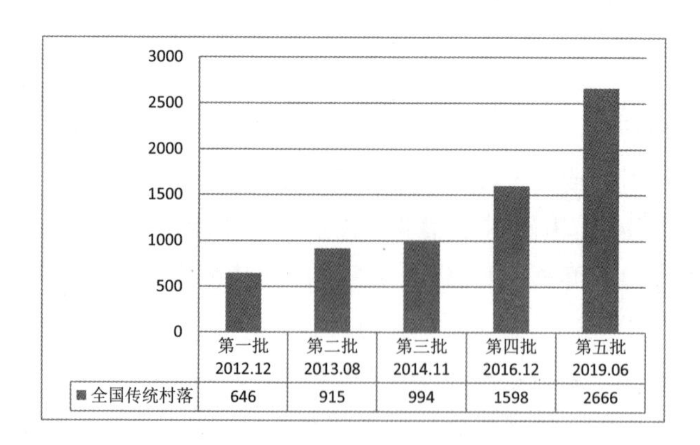

图 4-2　中国传统村落数量

表 4-2　中国传统村落名录

批次 国家、省、市	全国传统村落 / 个	浙江省传统村落 / 个	宁波传统村落 / 个	发文单位
第一批（2012 年 12 月 17 日）	646	43	6	中华人民共和国住房和城乡建设部 中华人民共和国文化部 国家文物局 中华人民共和国财政部 中华人民共和国国土资源部 中华人民共和国农业部 中华人民共和国国家旅游局
第二批（2013 年 8 月 26 日）	915	47	4	
第三批（2014 年 11 月 17 日）	994	86	8	
第四批（2016 年 12 月 9 日）	1598	225	4	
第五批（2019 年 6 月 9 日）	2666	235	6	
合计	6819	636	28	

浙江省人民政府先后公布浙江省历史文化名镇名村街区名单，如表 4–3 所示。1991 年 10 月公布第一批保护名单，15 个镇 4 个村，其中宁波 3 个镇 1 个村；2000 年 2 月公布第二批保护名单，16 个镇 8 个村，其中宁波 2 个镇；2006 年 6 月公布第三批保护名单，33 镇 19 村，其中宁波 1 个镇 1 个村；2012 年 6 月公布第四批保护名单，10 个镇 34 个村，其中宁波 1 个村；2016 年 7 月公布第五批保护名单，21 个镇 76 个村，其中宁波 2 个镇 20 个村。

表 4–3　浙江省历史文化名镇名村（不含街区）

批次 国家、省、市	浙江省历史文化名镇名村 / 个	宁波历史文化名镇名村 / 个	备　注
第一批（1991 年）	19	4	
第二批（2000 年）	24	2	
第三批（2006 年）	52	2	
第四批（2012 年）	44	1	
第五批（2012 年）	97	22	
合计	236	31	

再看看宁波市，数据显示，宁波市共有 2 495 个行政村，截至 2019 年底，列入中国“名镇名村”名单的有 11 个，列入中国“传统村落”名录的有 28 个。宁波作为第二批国家历史文化名城，是具有 7 000 多年文明史的“河姆渡文化”的发祥地和浙东文化摇篮。在这片古老而富有内涵的土地上，散落着许许多多的古村落、古民居。为发掘和保留这些遗存，宁波加大了保护规划、修缮的力度，越来越多的古村落陆续有了属于自己的名分。宁波市历史文化遗产保护工作启动较早，成效显著。早在 2005 年，宁波市就评选出首批 10 个市级历史文化名村，客观上促进了这些村庄的保护和利用；2014 年，宁波市确定了第二批市级历史文化名村名单，17 个村成为第二批市级历史文化名村；2015 年，宁波市政府公布第三批市级历史文化名村名单，28 个村入围；2016 年，宁波市政府公布第四批市级历史文化名村名单，14 个村入围（表 4–4）。尤其是《宁波市历史文化名城名镇名村保护条例》的颁布实施对宁波的历史建筑保护起到了积极的作用。以上国家、省、市三个层面目录中入围的镇村加在一起的数量在宁波市所有行政村中的占比很小，数量上显得太少。其他绝大多数普通乡村中有没有老建筑、特色建筑、历史建筑？如果有，怎么保护？

表 4-4　宁波市历史文化名村

批　次	市级历史文化名村 / 个	备　注
第一批（2005 年）	10	
第二批（2014 年）	17	
第三批（2015 年）	28	
第四批（2016 年）	14	
合计	69	

通过分析以上表格中国家、省、市三级保护目录或名单数据可知，需要将普通乡村“非成片历史建筑”放在与“名镇名村”和“传统村落”同等重要的地位去研究、保护。

2013 年 12 月在北京举行的中央城镇化工作会议指出：城镇建设，要实事求是确定城市定位，科学规划和务实行动，避免走弯路；要体现尊重自然、顺应自然、天人合一的理念，依托现有山水脉络等独特风光，让城市融入大自然，让居民望得见山、看得见水、记得住乡愁；要融入现代元素，更要保护和弘扬传统优秀文化，延续城市历史文脉；要融入让群众生活更舒适的理念，体现在每一个细节中。

纵观我国历史建筑保护工作走过的历程，从不在乎到不舍得，再到成片保护，由成片历史建筑保护开始关注“非成片历史建筑”保护，由粗放的历史建筑保护到精准的历史建筑保护，可惜道路曲折，代价沉痛。城市建设从过去的“拆改留并举，以拆为主，速度为先”到现在的“留改拆并举，以保留保护为主”，努力探索一条历史风貌保护、城市更新、旧区改造、大举建设和住房保障有机结合、统筹推进的新路。人们已经幡然领悟到历史文脉文化记忆对城市的重要性。由城市粗放管理转向城市精细化管理。随着认识、实践、制度、机制和管理等方面的探索和经验积累，我国精准保护历史建筑的新阶段即将到来。

那么，同样道理，农村建设也经历了类似的过程。不妨借鉴城市建设经验，凭借理论、实践、制度、机制和管理等方面的前置介入和观念转变，使乡村历史建筑保护工作提早转向精准保护新阶段，从而少走弯路，避免损失。

经过相当一段时间的新农村建设实践，人们对其内涵的认识逐步全面与加深。在规划保护方面，从城市到乡镇，再到农村，是一个渐进过程。这从国家层面的有关规范条例出台时间先后顺序可以看出，2005 年《历史文化名城保护规划规范》、2008 年《历史文化名城名镇名村保护条例》。同样，地方政府也是这样。2005 年，宁波市评选出首批 10 个市级历史文化名村，客观上促进了对这些村庄的保护和利用。2014 年，宁波市又确定第二批市级历史文化名村名单，同时开展了宁波市历史建筑普查及信息化工作。2015 年，宁波市人大通过了《宁波市历史文化名城名镇名村保护条例》。

题为《昆明历史老宅零星存在　现代挤压旧建筑存在空间》[①]的报道中提出：“给建筑拍‘遗像’，这话不夸张。”昆明市规划设计院院长王学海认为，很多有文化的建筑以后都只能在一张张照片中看见，现实里都捐躯给了经济指标。好在越来越多的仁人志士意识到，相比经济指标，文化同样重要。经济可以发展，文化如果断裂，再想复原就难了。

我国城市建设曾走过由“破旧立新”“建设性破坏”到率先立法、依法保护的弯路，付出了沉痛、高昂的代价。国外发达国家乡村建设的经验和教训也是这样，时刻提醒着我们，绝不能后悔了再去做“抢救”保护。伴随着乡村工业化、村落城镇化、农民市民化、城乡一体化的发展，尤其是“合村并居”工作的开展，有过自然传统村落遭到规模性破坏的惨痛教训，如今不能再出现“非成片历史建筑”遭受破坏的悲剧。

家有一老，如有一宝。村镇有历史建筑，犹如有了故事，有了特色，有了文化。乡村除了列入保护目录的之外，可概括为两类：一是经济快速发展，村风村貌焕然一新；二是经济相对缓慢发展，村风村貌逐渐改变。对于前者，历史建筑几乎拆毁消失，已经没有机会保护；对于后者，仍留有一些老房子，但处境危险，再不进行抢救式保护，也会失去机会。所以，亟需加快乡村“非成片历史建筑”保护步伐。

4.1.3　普通乡村“非成片历史建筑”的持续性

普通乡村“非成片历史建筑”有当时的社会时代背景，它的价值不只是充当历史载体，更重要的是充当了村落发展的见证者、村落风貌特色的贡献者。

中国村落文化研究中心主任、博士生导师胡彬彬认为，传统村落对今天的我们以及子孙后代而言，是中华民族先人留给我们可以陶冶心性的田园风景，是中华民族先人为我们营造的、可以安放灵魂的精神家园。国人热衷于村落旅游，大概也是因为想找寻心灵的家园吧[②]。

从现象学来看，老建筑自身就可以引发人的知觉体验并诱导人们思考，

---

① 昆明历史老宅零星存在 现代挤压旧建筑存在空间 [EB/OL]. HTTP://www.chinanews.com/house/2013/10-31/5449746.shtml

② 方可．“先保护，后利用，不要让文化遗产变成文化遗憾”——访中国村落文化研究中心主任胡彬彬 [J]. 民族论坛（时政版）,2014(6):40-42.

然后使某些历史得以留存。众所周知，一个传统民居、一个祠堂的背后就是一个故事或一个传说，摧毁它们及其所在的空间环境，就是对传统文化的破坏、对村风村貌的损毁、对乡村历史的犯罪。对外来游客而言，行走在乡村之间，可能产生餐饮消费，可能短暂留宿，如果时间允许，他们还可能长期在这里旅居，甚至养生养老。要让人看到历史，听到传说。最近几年快速兴起并持续发展的以特定农作业或地方生活技术及资源为主题，以体验式民宿为载体的商业模式就十分吸引消费群体，使乡村产生了巨大的活力。由此可见，已有的可持续性旅游开发已成为乡村人文景观的重要价值。所以，彻底告别传统民居，新建现代乡村绝不是乡村持续发展的好办法，反而是村落个性的丧失。

4.2 “非成片历史建筑”对普通乡村风貌特色的价值

4.2.1 乡村风貌特色

乡村风貌特色是指乡村的整体形象给人的第一印象，涉及环境布局、建筑形式、色彩搭配、材料运用、细部装饰纹样。乡村的基础设施、建筑、景观小品是美丽乡村特色的主要载体。这些载体中的建筑地位凸显，集传统地域文化、雕刻和绘画艺术等于一体，是传承历史文化的综合载体。

“传统村落”和“名镇名村”之所以令人印象深刻，正是因为其较完整地保留了乡村风貌特色。而普通乡村风貌特色元素或资源先天不足，更应该在风貌特色构建和提升上做文章。

乡村最具吸引力的是其文化意境，包括空间形态、建筑风格、居民生活百态等各类文化载体，其中的建筑风格是凸显乡村风貌特色最有效的途径，而“非成片历史建筑”在普通乡村建筑风格塑造中具有视觉冲击力强、效果明显、清晰直观、文化特征鲜明等特点，对于乡村风貌特色的打造和保持十分重要。

“非成片历史建筑”的保护与利用既能够在普通乡村中凸显历史感，又能有较好的叙事感，使乡村风貌较好地保持、传达地域文化特色。在落实国家乡村振兴战略中，对广大普通乡村进行“非成片历史建筑”保护和利用研究具有积极而深远的意义。

4.2.2 “非成片历史建筑”对普通乡村风貌的重要性

习近平强调，新农村建设一定要走符合农村实际的路子，遵循乡村自身发展规律，充分体现农村特点，注重乡土味道，保留乡村风貌，留得住青山绿水，记得住乡愁。习近平对新农村建设的这番话首先强调的是新农村建设要因地制宜。在实际工作中，部分地区违背新农村建设规律的思想和行为确实存在，主要表现为对新农村的理解狭隘，在“新”字上做文章，侧重人居环境和村容村貌的改进等表面文章、形象工程；以城镇的标准和要求建设新农村，搞“一刀切”“刮一阵风”，照搬照套、千篇一律。因此，新农村建设要走符合农村实际的路子，要遵循乡村的发展规律。其次，强调新农村建设要重视当地特色，尊重当地文化。乡村风貌特色的保持和提升恰恰是重视当地特色、尊重当地文化工作落到实处的具体体现。新农村建设是发生在中国的一场浩大的、持久的乡村建设运动，中国特色是新农村建设的典型特征，乡土特色又是中国特色的具体表现形式。建设新农村，一定要守住乡土特色，这是农村社会的根，是农村社会的灵魂和血脉，也是维系农村社会人与人、人与自然、人与社会关系和秩序的纽带。守住中国的乡土特色，从根本上来说，就是要守住乡村伦理，传承乡村文明。

从中国乡村发展完整性来讲，普通乡村是其不可或缺的组成部分。普通乡村有没有特色，关系到农村建设的整体面貌。从中国乡村总的数量上讲，普通乡村占比更大。普通乡村风貌特色保持好了，对于建设美丽乡村，实现一村一品至关重要。

从乡村文化遗产保护来讲，普通乡村遭受破坏较小，具有潜在性，发展潜力、发展空间较大。从全面实施乡村振兴角度来讲，普通乡村范围更大，它的建设效果具有普遍意义。从中国乡村传统文化发展来看，普通乡村更具基础性和未来发展的潜在价值。

2012年对浙江省农村进行问卷调查发现，历史建筑数量随村落与中心市区距离远近不同而产生差异[①]。距离县市城区60千米以上的村落由于地理位置比较偏僻，受外界干扰较小，历史建筑的保存也就较多（图4–3）。相比而言，距中心市区较近的村落与城市发展联系密切，社会经济、文化发展水平较高。在新农村建设中，城市近郊的村落受政府监督更为直接，更科学地按照城乡规划原则来发展，从而保留下更多的历史建筑遗存。假设距城市中心距离较近的

① 邢双军，王亚莎．基于问卷调查的浙江省农村历史建筑现状分析研究[J].装饰,2012(12):116-117.

为 A 区，中等距离的为 B 区，远距离的为 C 区，则 A 区应加强监督巡查保护工作，B 区应采取普查、鉴定和抢救性保护工作，C 区是普通乡村“非成片历史建筑”散落的地区，应是未来一段时间历史建筑保护工作深化的重点，也是未来有机会通过开展“非成片历史建筑”保护工作，使广大普通乡村的风貌特色得到保持和提升的重要物理空间领域。

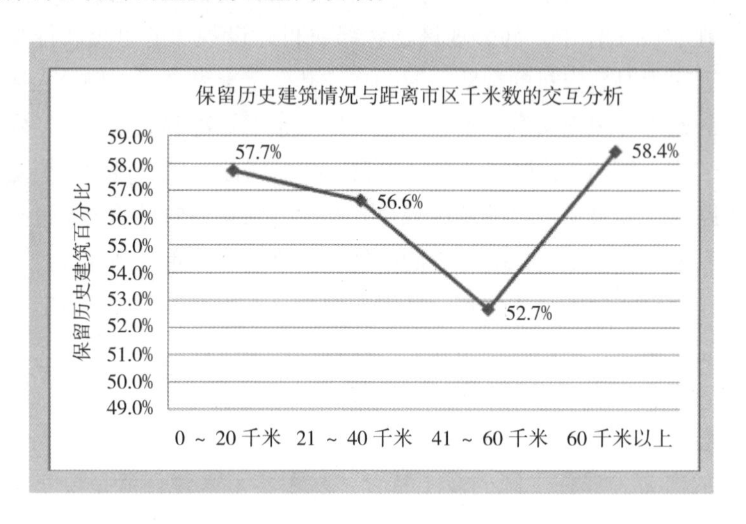

图 4–3　保留历史建筑数量与距中心市区距离分析

随着时代发展，对古村落的保护已逐步引起了社会的重视。然而，中国大多数农村中存在更多的是非整体性的零星历史建筑，它们不是成片存在的，也不一定能成为旅游资源，但它们是当地历史发展的见证，反映了某一时代甚至几个时代的历史进程及事件，同样应该予以重视并进行保护、利用。经历过大拆大建后，痛定思痛，该保的没有保住，建新村时又忽略原有历史文化传统和生态风貌，模式呆板、千楼一面的情况比较普遍。甚至农村建筑出现了光怪陆离的现象，影响乡村风貌。

在“乡村、村庄或村落风貌特色”的研究文献中，有传统村落风貌方面的，也有乡村风貌特色规划方面的，但关于“零星历史建筑”或“非成片历史建筑”与乡村风貌特色构建的较少。例如，同济大学杨贵庆教授《传统村落风貌特征的物质要素及构成方式解析——以浙江省黄岩区屿头乡沙滩村为例》从组成传统村落风貌特征的物质要素入手，分析、归纳其类型特征，结合其构成方式加以解析。信阳师范学院高洪波的论文《豫南地区传统村落风貌特色保护与更新研究——以信阳西河村为例》提出全面保护全村自然环境、人文环境和传统文化等。

有关文献中，有不少篇幅已经表现出了对乡村建筑中图像学表现、“在地建造”中的元素提取等的关注。例如，中国美术学院研究生于侃在《当代乡村建筑的图像化变迁浅议——以杭州市萧山地区为例》中表达的观点是，对乡镇建设中不断滋长的光怪陆离的建筑外在形象效果不仅需要讨论的是从传统乡村图像到现代乡村建筑图像的转变与发展，更重要的是在当今这个被图像充斥的时代是否应该更自觉地反思图像时代下的建筑图像生产的文化意义。

“观点中国”苑广阔的《可以山寨别人的村庄却无法克隆幸福》博文是针对中国一家公司将奥地利村庄哈尔斯塔特“原样复制”到广东惠州，建成一个高端欧式风格住宅开发区的。“我们可以复制别人村庄的自然风景、亭台楼阁、花花草草，但我们无法复制人家的人文传统，无法复制人家的社会和谐、邻里和睦。”

浙江大学研究生徐呈程的论文《“三生”系统视角下的乡村风貌特色规划营造研究——基于浙江省的实践》对乡村风貌类型进行划分，分别提出三个系统下的乡村风貌特色规划引导思路和策略。浙江大学博士研究生李乘的《建构浙北乡村建筑风貌体系的思考和实践——以德清县乡村建筑形态调研和设计为例》提出了以针对地域性特征和历史文脉分布为基础，构建浙北建筑风貌体系的系统研究手法。河北农业大学硕士研究生董向平的论文《新农村视域下的村庄风貌规划研究》指出，村庄风貌规划应遵循生态多样性原则、发扬地域文化原则、整体规划原则、可持续发展原则，并从空间形态景观风貌、自然生态景观风貌、人工物质景观风貌、非物质文化景观风貌四个方面总结了村庄风貌规划的方法，探索了营造宜居、生态、优美的乡村风貌的原则与方法。

乡村风貌特色作为中国美丽乡村建设多样化、乡村居民归属感和认同感需求以及乡村旅游文化资源的需求，与千村一面、搬袭外来文化等现象的矛盾已经得到了业界人士的广泛关注。

4.2.3　普通乡村风貌特色的构建设想

目前，虽然已有的研究文献关于“非成片历史建筑”的研究较少，但也为我们提供了许多有价值的东西。比如，国外乡村发展模式有美国“乡村改进”、日本“一村一品”、德国“村庄更新”和荷兰“农地整理”等具有代表性的发展模式，值得我国在乡村振兴战略实施过程中结合实际情况加以借鉴。比如，日本各市町村普遍有制定市町村章和市町村民宪章的习俗，旨在引导个人行为，共建和谐家园，凝聚人心和村民对家乡的认同感。市町村章即为市町村旗的图案。在制定市町村章时，一般会将该市町村的风土、历史、文化等元素加以结合进行设计。其传统文化保护理念和设计方法值得借鉴。因此，对普通乡村风貌特色的构建提出以下设想。

首先，建议社会各界像对待“传统村落”和“名镇名村”那样重视普通乡村风貌特色的保持与建设。比如，加强宣传工作，站位要高，认识清楚，不仅要重视“传统村落”“名镇名村”，还要从思想意识和理念上树立普通乡村和“非成片历史建筑”概念，并加以重视，参与其风貌特色建设。

其次，广泛开展普通乡村风貌特色调查与研究，形成多学科交叉研究氛围，组成相应的研究团队。比如，“城乡规划”“建筑学”“风景园林”“设计学”等学科交叉，对普通乡村风貌特色进行研究。

再次，尽快取得研究成果，在理论、方法与途径上指导并应用于普通乡村风貌特色建设实际。比如，《普通乡村风貌特色保持与建设指导意见书》。借用“内化于心，外化于形”对乡村风貌进行诠释。“心”即乡村传统文化及其活化传承者，“形”则为乡村自然环境（山水地貌、植物等）、人工创造的空间环境体量（建筑群，建筑单体，桥梁、古井、牌楼构筑物，院落空间，室内空间、砖、石、木、灰等雕刻装饰，纹样符号等）等物质载体。

如果说“名镇名村”和“传统村落”是成片历史建筑保护，是初期相对粗放的保护，那么“非成片历史建筑”保护是相对于成片历史建筑保护的称呼，是“精准保护”，是指针对乡村区域环境、不同历史建筑状况，运用科学有效程序对历史建筑保护对象实施精确识别、精确评价、精确维护、精确管理的保护方式。一般来说，“非成片历史建筑”主要是就乡村零星历史建筑而言的，只要是有价值的历史建筑就加以保护。

习近平在中央经济工作会议上强调，提高大城市精细化管理水平。随着新型城镇化进程，许多村镇地区融入城市，自然需要精细化管理。“他山之石，可以攻玉”，城市精细化管理的理念、做法、经验和启发可以引申到乡村进行精细化管理。“非成片历史建筑”保护较之于成片历史建筑保护既有点和面、精与粗的不同阶段、不同层次的区别，又有历史建筑保护深化和发展的寓意。可以说，历史建筑保护已经进入“精准保护”阶段。需要把精准识别、精准保护、精准管理、精准考核落到实处。保护对象要精准，项目安排要精准，资金使用要精准，措施到位要精准，责任人要精准，保护成效要精准。

最后，对于名镇名村、传统村落在持续不断地申报、认定和公布。在没有进入保护目录名单之前，镇是普通镇，村是普通村，其中的历史建筑或老建筑是零星的、非成片的建筑。也就是说，普通乡村“非成片历史建筑”的存在和保护是名镇名村、传统村落得以继续和深化的前提。

第 5 章　历史建筑保护目录层级的延伸与完善

历史建筑属于不可移动历史文化遗产。我国不可移动历史文化遗产主要由不可移动文物、历史建筑、历史文化名城组成[①]。联合国教科文组织颁布的《保护世界文化和自然遗产公约》指出，“以下各项为有形的文化遗产：第一，文物古迹，从历史、艺术或科学角度看，是具有突出的普遍价值的建筑物、碑雕和碑画、考古元素或结构、铭文、窟洞以及特殊联合体；第二，建筑群。从历史、艺术或科学角度看，是在建筑式样、分布均匀或与环境景色结合方面具有突出的普遍价值的单立或连接的建筑群落；第三，遗址，从历史、审美、人种学或人类学角度看，是具有突出的普遍价值的人造工程或人造景观与自然景观合二为一的遗址以及考古遗址区”。

近年来，随着社会经济的发展，我国对不可移动文化遗产的认知水平和保护能力都得到了极大的提高。我国在学习和借鉴发达国家遗产保护工作先进经验的基础上，结合自己的历史建筑保护实践，形成了我国自己的遗产保护体系。国家层面关于历史遗存保护的法律法规有《中华人民共和国文物保护法》《中华人民共和国文物保护法实施条例》《中华人民共和国城乡规划法》等。另外，各省、市也出台了一些文物保护方面的法规和制度。这说明我国的历史城市保护工作已形成一个比较完整的体系，实现了法治化和规范化（图 5-1）[②]。

① 杨馥源，王德刚．不可移动文物和历史建筑整体保护理念及体系建立初探 [J]. 北京规划建设，2019(S2):150-154.

② 吴耀欢，赵文婷．当前我国历史城市文化遗存保护中存在的问题与对策 [J]. 开封大学学报，2016,30(3):10-12.

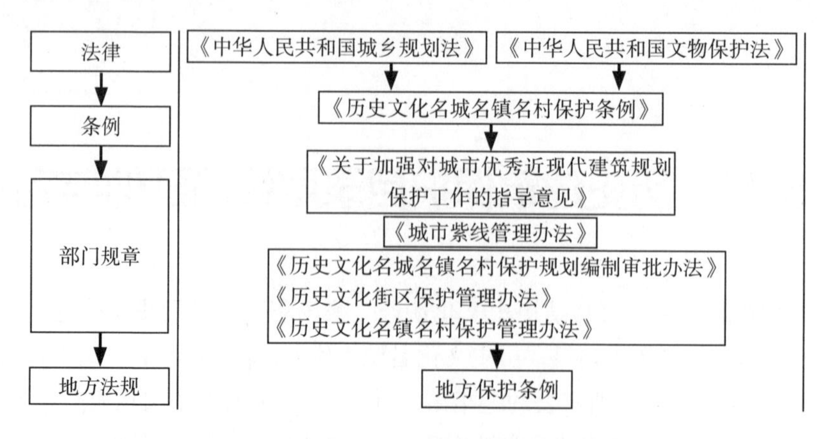

图 5–1　我国历史遗存保护法律法规体系

然而，随着新型城镇化的快速发展，历史建筑保护工作由城市扩展到乡村，我国历史建筑保护方面的法律体系处于不断完善中，与国外相比还有差距。

我国的不可移动文化遗产的管理分属不同的行政部门或系统。不可移动文物归属文物部门管理，在中央为国家文物局，在地方为省市一级的文物局；历史文化名城保护、历史建筑保护归属住房和城乡建设部负责。其中，古建筑类作为文物保护单位同时归属以上两个部门管理。所以，我国的不可移动文化遗产在管理上存在一定的交叉。历史建筑的划定和管理在中央由住房和城乡建设部负责，在各省市则主要归属规划部门负责划定工作，房管部门负责日常管理（图 5–1）。

5.1　历史建筑保护目录层级现状

目前，从国家到各省市乃至县区政府有关部门都建有历史建筑保护目录（以下简称“保护目录”），在镇、村层面没有“保护目录”。回顾各级政府条例公布实施“保护目录”情况如下：

国务院《历史文化名城名镇名村保护条例》于 2008 年 4 月 22 日公布，2008 年 7 月 1 日起施行。《浙江省历史文化名城名镇名村保护条例》于 2012 年 9 月 28 日发布，2012 年 12 月 1 日起施行。《浙江省人民政府办公厅关于加强传统村落保护发展的指导意见》（浙政办发〔2016〕84 号）。《宁波市历史文化名城名镇名村保护条例》2015 年 5 月 28 日发布，2015 年 7 月 1 日起施行。

当然，实际开展历史建筑保护工作早于以上国家、省市有关条例的颁布时间。“保护目录”是历史建筑保护工作中非常重要和规范的措施之一。下面以浙江为例对国家—省—市—区各级政府保护目录进行梳理，说明各级保护目录情况（表 5-1）。

表 5-1　各级政府保护目录名称及公布时间统计表

层级	发文单位	目录名称	第一批公布时间	备注
国家级	建设部、国家文物局	中国历史文化名镇（村）（第一批）	2003 年 10 月 8 日	建村〔2003〕199 号
	住房和城乡建设部、文化部、财政部	中国传统村落名录村落名单的通知	2012 年 12 月 17 日	建村〔2012〕189 号
省级	浙江省人民政府	浙江省历史文化名镇、名村	1991 年 10 月 7 日	
	浙江省住房和城乡建设厅	浙江省级传统村落	2017 年 9 月 9 日	
市级	宁波市政府	宁波市第一批历史文化名村	2005 年 8 月 24 日	甬政发〔2005〕84 号
	市住房和城乡建设局、财政局、自然资源和规划局、文化广电旅游局	宁波市市级传统村落	2019 年 12 月 30 日	甬建发〔2019〕139 号
区级	区文化广电新闻出版局（风景旅游管理局、体育局）	鄞州区公布首批历史文化名镇名村街区	2013 年 12 月 17 日	将历史文化名村与传统村落结合起来，称之为宁波市历史文化（传统）村落保护〔2003〕
	—	—	—	
镇级	—	—	—	—
村级	—	—	—	—

通过以上各级政府保护目录名称及公布时间统计表的梳理，我们明确认识到三点：一是已经形成国家级、省级、市级的历史建筑保护目录。而且意识强、有经济实力的区（县）有了区县级历史建筑保护目录。二是国家、省级、市级保护目录有“中国历史文化名镇（村）”和“中国传统村落”两个名称、两条线索。区级合二为一，比如，在宁波市鄞州区，称之为历史文化（传统）村落保护。三是镇、村两级目前还没有保护目录。

5.2 历史建筑保护目录层级延至镇村的依据

5.2.1 历史建筑保护工作开展的需要

从地理空间上讲，许多历史建筑位于镇（村）。区县级建有保护目录，虽然涵盖镇和村，但开展、落实具体工作还需要从镇和村层面做起。如果没有镇和村自下而上的积极配合、主动参与，历史建筑保护工作的成效和持续性难以保证。所以，有必要在镇、村两级建立保护目录。

5.2.2 农村传统文化个性传承的需要

农村的传统文化与城市不同，受地形、地貌、气候的影响，各地农村存在着独特的生产与生活方式及地区个性。地区个性是在各地固有文化基础上形成的，特别之处在于这些地区的地区文化通常以长期传承下来的文化为核心，具有历史的厚重和民俗的芬芳①。

建筑文化是重要的传统文化之一，在农村的地位非常特殊。我国幅员辽阔，东、西、南、北、中地理气候、习俗等差别很大。根据“非成片历史建筑”的层次性特点，不同层次的乡村都应有其值得保存的历史建筑。

根据“非成片历史建筑”价值的潜在性，普通乡村尤其是目前经济落后的偏远地区的乡村存在不突出、不明显的历史建筑，更应成为关注的重点。《住房和城乡建设部办公厅关于加强贫困地区传统村落保护工作的通知》（2019 年 9 月 12 日，建办村〔2019〕61 号）中明确指出：“保持贫困地区传统村落的完整性、真实性和延续性，对保护价值受到严重破坏或失去保护价值的传统村落给予警告或退出处理。”“科学把握贫困地区传统村落保护利用、活态传承与创新发展的关系，坚持保护优先、民生为本，合理利用贫困地区传统村落文化资源，发展旅游经济，助力脱贫攻坚。”这进一步印证了普通乡村“非成片历史建筑”作为文化资源的重要性。

从现象学角度分析，老百姓喜闻乐见的事、关注的事经久不衰，流传久远。同样，农村一些老建筑放在国家、省、市层面不算什么，但放在具体的某一个镇或某一个村，就非常重要。因此，乡镇一级政府应该摸清家底，建立乡镇级历史建筑保护目录；每个村也应该摸清家底，建立村级历史建筑保护目录。

---

① 焦必方，孙彬彬．日本现代农村建设研究 [M]. 上海：复旦大学出版，2009.

5.2.3　潜在性价值特点的需要

新型城镇化和经济发展背景下，经济先行发展起来的农村受到的冲击最大，成片有价值的历史建筑得到了保护，非成片或价值不够凸显的历史建筑没来得及保护的已遭到毁坏；经济发展相对滞后的农村受冲击较小，仍有相当数量的“非成片历史建筑”作为一种地域性共同拥有的记忆得以存在和延续，成为潜在的文化资产。镇村两级建立保护目录，对保护历史建筑会起到不可替代的作用，也是生态产业化、产业生态化的需要。

5.2.4　各层级保护目录之间的关系

各个层级保护目录的评判标准是有区别的。村、镇、县、市、省、国的标准不同，从下到上会越来越高。各层级保护目录的历史建筑进入目录标准不同，主管责任部门不同，自然主次有别，保护和利用的方式方法、要求不同。

同一层级保护目录的历史建筑进入保护目录标准基本相同，隶属同一个主管责任部门，对其重视程度、保护和利用的方式方法等没有什么区别。

从上一层级保护目录中拿出某一个历史建筑，对于下一层级来说，肯定是重点保护对象，但在空间距离和密切度上是有问题的。

从下一层级保护目录中拿出某一个历史建筑，对于其上一层级可能不算什么，但对本层级来说对其进行保护是工作本分，保护历史建筑直接关系到其所在地的文化遗产资源。

尤其是先天文化遗产资源不足或匮乏的普通乡村，有些老建筑对上一层级不算什么，但对乡村弥足珍贵。

5.3　历史建筑保护目录层级延伸意义

历史建筑作为优秀历史文化资源的组成部分，在国家实施乡村振兴战略，推动美丽乡村建设的背景下，其保护目录层级构架的完善意味着真正打通了历史建筑保护和利用的任督二脉。在镇、村两级建立历史建筑保护目录，基层干部群众的自主意识就会增强，乡村建设中历史建筑保护工作就会得到村委员会乃至广大村民的重视。“非成片历史建筑”保护得到重视预示着历史建筑保护工作进入一个新的时期。

历史建筑保护目录层级延伸完善，对于充分调动各层级主体责任意识、归属意识、自信意识，实现历史建筑保护工作的多元化意义重大。

历史建筑保护目录层级向镇、村延伸，能够充分挖掘农村民族文化特色，利用农村的原生资源，保留各个村落的个性、地方特色和时代特色，使乡村风貌特色鲜明，文化活动鲜活，民族特色文化得以传承，从而为实现“一镇一品”“一村一品”，开展美丽乡村建设奠定良好的基础。

乡村振兴，既要塑形，又要铸魂。没有乡村文化的高度自信，没有乡村文化的繁荣发展，就难以实现乡村振兴。习近平指出：“要推动乡村文化振兴，加强农村思想道德建设和公共文化建设，以社会主义核心价值观为引领，深入挖掘优秀传统农耕文化蕴含的思想观念、人文精神、道德规范，培育挖掘乡土文化人才，弘扬主旋律和社会正气，培育文明乡风、良好家风、淳朴民风，改善农民精神风貌，提高乡村社会文明程度，焕发乡村文明新气象。”

《中共中央国务院关于新时代推进西部大开发形成新格局的指导意见》中指出：“在加强保护基础上盘活农村历史文化资源，形成具有地域和民族特色的乡村文化产业和品牌。因地制宜优化城镇化布局与形态，提升并发挥国家和区域中心城市功能作用，推动城市群高质量发展和大中小城市网络化建设，培育发展一批特色小城镇。”建筑具有文化属性，其内涵非常丰富。乡村“非成片历史建筑”保护利用对乡村实现文化振兴，形成具有地域特色和民族特色的乡村文化非常重要。

“非成片历史建筑”充当着村镇的文化标签与村民的文化印记，是村民日常生活的集散节点，是村镇层级街道交通枢纽，也是普通代际交流的场所。无论从哪一个角度上考量，它都已经成为保证村镇文脉完整性与发展连贯性不可分割的一个部分，保护好它是焕发村镇活力的契机。

“非成片历史建筑”蕴含着其所处时代和社会的丰富历史气息，其价值不只是充当着历史载体，更重要的是村镇风貌特色的贡献者，其存在的文化价值远远超过建筑本身，在时间轨迹上体现出持续性。从现象学讲，历史建筑自身就可以引发人的知觉体验并诱导人们思考，然后使某些历史得以留存。唯有因地制宜，挖掘和整合文化资源，实现文化与经济的齐头并进，才能真正实现城镇动态演变过程中的可持续性发展。

第6章 普通乡村“非成片历史建筑”评判标准新构想

6.1 现有历史建筑评判标准综述

6.1.1 以价值识别为中心的历史建筑评判体系

在历史建筑评估中，目的不同将导致标准不同，从而影响各种价值在综合价值中的比重，整个评价体系也将发生变化。因此，若针对每一个历史建筑个体，将会有无数种因个体差异、主观因素而产生的具有差异的评价指标。但是，基于历史建筑价值保护的共识，“以价值为中心、保护再利用为目的”的评价方针将具备更普遍的适用性。

1990 年，谢庚龙在发表于《城市规划》的《定性定量估计文物古迹的内在价值》中，提出了历史、艺术两种价值类别及次级价值类别[①]。1995 年，朱光亚、蒋惠发表于传统建筑与园林学会年会的《开发建筑遗产密集区的一项基础工作——建筑遗产评估》中，完成了建筑遗产评估并探讨了发展规划，使评估成为规划的依据[②]。2001 年，苏童在《历史文化名城天水伏羲庙历史地段保护的评估体系与方法》中，把评估的结果作为制定保护方法的依据[③]。2005 年，刘先觉、陈泽成在《澳门建筑文化遗产》一书中尝试创建专门的价值评价体系[④]。2006 年，黄松在《历史建筑评估及其指标体系研究——以上海地区的文

① 谢庚龙．定性定量估计文物古迹的内在价值 [J]. 城市规划，1990,14(6):42-44.

② 朱光亚，蒋惠．开发建筑遗产密集区的一项基础性工作——建筑遗产评估 [J]. 规划师，1996(1):33-38.

③ 苏童．历史文化名城天水伏羲庙历史地段保护的评估体系与方法 [D]. 西安：西安建筑科技大学，2001.

④ 刘先觉，陈泽成．澳门建筑文化遗产 [M]. 南京：东南大学出版社，2005.

化遗产管理为例》中分析了历史建筑的价值构成以及评估侧重，并最终设计出适应历史建筑评估要求的指标体系和运作方式①。

“通常需要保护的是最昂贵、最壮观、最能代表某个经典时期的环境，其范围是非常有限的，它们只代表了时间长河中的点滴。它们所呈现的过去是不完整的，因为它们所包含的建筑只来自繁荣时代的成功人群，而那些时代不过昙花一现。这样的遗迹只会让人们在看待历史时更加误入歧途，认为它是由一系列骤然的巅峰成就所构成的，而成就之间是漫长的空白期。”②相较于被纳入历史文化遗产保护体系的文物建筑，普通乡村中的“非成片历史建筑”即便不足以代表经典时期，或者成为多数群体的集体记忆，但可能承载着当地村民几代人或几个宗族的记忆与归属。凯文·林奇就历史遗产保护所提出的观点印证了现有的历史建筑评判标准不能将一般性的历史建筑纳入考量，认为其不仅难以呈现一个更完整的过去，还难以维护无论是大众的还是小众的群体，都有的寄托归属感的载体。“非成片历史建筑”也可能因未被纳入保护范畴而被空置荒废，甚至被破坏。

6.1.2 具有再利用价值的历史建筑判断类别

目前，我国历史文化遗产保护体系主要包括文物建筑、历史文化街区和历史文化名城三个层次，还有一部分尚未被大力维护的一般性历史建筑。

《中国文物古迹保护准则》第一章第三条规定，文物古迹的价值包括历史价值、艺术价值和科学价值。2002 年，《中华人民共和国文物保护法》中添加“史料价值”。2005 年，《西安宣言》则在价值认识方面强调了环境的重要性，指出对环境的认识、理解和记录对价值评价具有重要的意义。2007 年，苏州市文物局与东南大学合作研究了苏州市历史建筑遗产评价体系，分别从历史建筑的历史价值、科学价值、艺术价值、环境价值及使用价值五个方面选择了 12 项指标进行了评价。2009 年，江荣生以福州市鼓楼区历史建筑旅游资源作为研究对象，从历史建筑旅游资源开发和保护的角度构建了由总目标层、评价综合层、评价项目层及评价因子层构成的历史建筑旅游资源

① 黄松．历史建筑评估及其指标体系研究——以上海地区的文化遗产管理为例 [D]. 上海：同济大学经济与管理学院，2006.

② 凯文·林奇．此地何时，城市与变化的时代 [M]. 徐祖华，译．北京：北京时代华文书局出版社，2016.

评价体系[①]。2011 年，王岳在《构建基于历史建筑保护的价值评价体系——以青岛市信号山街区保护为例》中尝试构建了我国现阶段历史建筑的价值体系[②]。根据近几年的文献资料显示，这种价值体系也是目前较为普遍的分类方式，其内容包括历史价值、艺术价值、科学价值、使用价值、社会价值及经济价值（表 6–1）。

表 6–1 我国现阶段历史建筑的价值评价体系（目前较为普遍的分类方式）

	一级评价指标	二级评价指标	评分标准层
历史建筑综合价值	历史价值	建筑年代	
		历史关联度	
	艺术价值	形体及细部的设计	
		公益艺术	
		色彩及材质	
	科学价值	结构形式	
		建筑材料	
	使用价值	结构形式的完整性与原真性	
		使用功能	
	社会价值	与环境协调度	
		社会情感的寄托	
		宣传教育	
	经济价值	功能适应性	
		开发潜力	

6.1.3 多元价值认识下的历史建筑评判标准

“以价值为核心”的历史建筑评价标准表现为在多元价值认识的基础上，协调相互间的矛盾，树立建筑文化、经济、社会多元协同发展的理念[③]。参考

① 江荣生．历史建筑旅游资源评价指标体系的构建及其实证研究 [D]. 福州：福建师范大学，2009.

② 王岳．构建基于历史建筑保护的价值评价体系——以青岛市信号山街区保护为例 [D]. 青岛：青岛理工大学，2011.

③ 王亚男．青岛近代建筑价值评价与保护利用 [D]. 郑州：郑州大学，2005.

王亚男在《青岛近代建筑价值评价与保护利用》中对建筑文化遗产的价值评价标准的总结，我们可以针对“历史建筑的保护及再利用”得出以下结论，并可作为最终提出“历史建筑评判指标”时的方法参考及理论支撑：

（1）积极保留形态特征原真性

形态是历史建筑价值传承的基础。“这种价值与一件艺术品被真实、原本、唯一地表现出来的事实相关。”由于原建筑材料易受年代限制，定期修复和更换构件是其历史建筑保护的本质要求，因此追求广义上的“真实性”，积极保留形态特征原真性更具现实意义。

（2）深度挖掘社会特征关联性

历史建筑由于不同原因而具有社会关联价值，以特定的历史事件与人物为基础，与某个生活方式有关系，或与文学名人、技术革新或公众情感有关联。需要指出的是，社会特征关联性的评判指标存在较为明显的主观性。基于“先保护后论证”的紧迫性需要，我们将建议降低“关联程度”的门槛，关联对象也不仅限于“名人”“要事”。事实上，社会的公众情感可能寄托于任何一个微不足道的事物之上，对于一般性历史建筑的保护与更新将在很大程度上增强当地百姓的承认度与归属感。

（3）合理放大地域特征典型性

历史建筑的价值实现也包括价值创造。地域特征典型性主要指历史建筑与周围环境的关系和在其中的重要位置，包括是否成为城市地标，是否有助于城市或乡镇特色的形成与增强。这也是对历史建筑在城市保护中外在与潜在的经济开发价值所给予的足够的重视。

（4）适度维护现状特征完整性

建筑文化遗产保留历史信息的完好程度直接影响其价值大小，必须科学确定建筑文化遗产变更状况，鉴别价值损失程度。这包括加建部分、原有功能与后续功能、地域环境特征是否受损、结构状况等。此外，出于“形态特征原真性”的考虑，在历史建筑进一步的维护修复过程中应充分考量历史建筑价值定位与评估目的，适度维护现状特征的完整性。

（5）扎实规划市场特征有效性

在评估历史建筑本身及其周围环境、历史背景的同时，有必要对政府部门的指导管理措施、法规技术政策等进行评价、评估，全方位、多维度、分层次地获取历史建筑价值评价指标。

6.1.4　定量与定性相结合的历史建筑评判标准

保护与更新历史建筑是重新激发当地地域“节点”之活力的良好途径，因此尽可能以更普遍适用的评价范畴对历史建筑进行评估和评判显得尤为重要。

专家综合评议法：专家综合评议法在中国是一种较为常见的评价方法，但过多的主观因素会导致此方法存在一定的不严谨性。例如，某一专业的专家在其他专业上可能存在着短板或知识不够全面，导致评价具有片面性；我国幅员辽阔，在历史建筑价值评价方面，各地方没有统一的、具体详细的评价指标和标准，评价易产生偏差。

专家调查法：专家调查法是目前在历史建筑评价中最常用，也相对合理的评价方式之一。它的提出是为了克服一般的专家讨论中存在着屈于服从权威或盲目赞同大多数的弊端。

层次分析评议法：层次分析评议法改进了专家综合评议法中主观性过强的缺点，通过在专家定性评价的基础上做出定量评价增加客观性①。

德尔菲法：若出现历史建筑的资料及数据不够充分的情况，或存在大量无法定量分析的要素，需要相当程度的主观判断时，德尔菲法是一个比较好的选择。各个成员在互不见面的情况下对某一项指标的重要性程度达成一致看法，不仅技术上容易掌握，还有着很强的可操作性，指标体系等与评价相关的领域在我国更是德尔菲法的第一大应用领域。其基本步骤如下②：

（1）挑选专家组成员。

（2）编制调查问卷。调查问卷主要由开放式的问题组成，围绕所研究问题及相关要求，以及相关的背景材料。

（3）实施调查。采用匿名方式进行问卷调查。

（4）回收、汇总和分析问卷信息。将各位专家反馈的信息进行汇总、整理和分析，制定第二轮调查问卷，同时附上第一轮的结果再分发给各位专家。

（5）调查结果的统计分析。专家问卷回收以后应对问卷信息进行汇总与统计分析，包括专家的基本信息及条目的打分情况。

（6）对专家意见进行整合处理，形成调查结论。

可见，若评判对象具备充足的历史建筑资料及数据时，需要在专家综合

① 王岳 . 构建基于历史建筑保护的价值评价体系——以青岛市信号山街区保护为例 [D]. 山东：青岛理工大学 ,2011.

② 王少娜，董瑞，谢晖，等 . 德尔菲法及其构建指标体系的应用进展 [J]. 蚌埠医学院学报 ,2016,41(5):695-698.

评议、专家调查等方法的基础上，综合采用层次分析评议法以增强客观性。若评判对象为地域偏僻、规模较小或在当地辐射影响力较窄的一般性历史建筑，即因其规模的特殊性无法进行高级别的归类划分，存在大量无法定量的因素时，应采用德尔菲法。

6.2 "非成片历史建筑"保护下的评判标准新需求

（1）历史建筑保护目录层级延伸的需要。要想把历史建筑保护目录层级进行延伸与完善，在乡镇层面建立镇级历史建筑保护目录，在村层面建立村级历史建筑保护目录，必须有与之相适应的评价标准，沿用当前的历史建筑评判标准显然是不合适的。

（2）普通乡村"非成片历史建筑"的价值特点的需要。普通乡村"非成片历史建筑"存在价值的层次性，层次不同，地域不同，价值标准不同。在多层次人文生态格局框架下，普通乡村"非成片历史建筑"的保护需要有相应的评判标准。

（3）"先保护后论证"的需要。普通乡村"非成片历史建筑"可能因未被纳入保护范畴而被空置荒废，甚至被破坏。为了实现"先保护后论证"，避免此类悲剧的发生，需要在评判标准上为其打通路径。

（4）地缘特征与时代特征的需要。"建筑是人造的某种空间，在设计过程中不可避免地添加了建筑师或者业主的思想与价值观，并传递着那个时代的符号与传统，所以建筑往往不具有严谨的分形特征，无法像自然中的分形图案一样具有普遍性的意义，但是建筑的分形意义在于它可以将不同的建筑空间感受通过视觉的信息按照层次性和复杂性进行传递。"① 所以，无论是建筑还是历史建筑，它们的产生与留存都是时代累加、历史累积的结果，其价值也能够表现出一定的地缘特征与时代特征，因此能够在空间与时间的尺度上呈现出价值递进的效果。2000 年公布的《中国文物古迹保护准则》将文物古迹价值的评估置于首要位置，它的颁布更是以法律的形式明确了遗产价值评价工作的重要性。在这样的共识中，历史建筑的价值评定就成了对历史建筑进行保护与"再利用"② 的首要任务。

① 张军，张舒．一种量化的角度对历史建筑立面评价的探索——以中东铁路沿线火车站站房为例 [J]. 河南城建学院学报 ,2015,24(6):41-47.

② 季文媚，牛婷婷．基于再利用的徽州传统建筑评价指标体系研究 [J]. 西安建筑科技大学学报：社会科学版 ,2016(3):74-79.

然而，对历史建筑的评价是一个复杂的系统，不同的专家学者有不同的分类方法，没有统一的标准[①]。

6.3　保护目录层级完善下的历史建筑评判标准新构想

6.3.1　源于层级、地域的评判指标架构

如前文所述，各个层级保护目录的评判标准是有区别的。在历史建筑特征方面，我国各地方具有明显的地域差异，因此很难实现统一的历史建筑价值评判指标标准。基于此，我们针对宁波地域（可适用于整个浙江地区）提出新的设想，即具有地域特征的历史建筑评判指标架构，成为一种新的历史建筑价值评判指标及方法，并与上述提到的“历史建筑保护目录层级延伸和完善”形成配合支撑。因此，在构建评价体系时我们的原则如下：①突出地域性；②体现当地人群归属感；③兼顾各行政级别的层次性。

在研究借鉴“我国现阶段历史建筑的价值评价体系”（表 6–1）的基础上提出的宁波地区的历史建筑评判指标模拟架构，我们称之为“人群归属感历史建筑评判体系”（图 6–1）。在该评判体系中，一级评价指标分为 3 项，即历史价值、鉴赏价值、使用价值；二级评价指标分为 6 项，即建筑年代、历史关联度、艺术价值、科学价值、现状分析、使用功能；三级指标为 20 项。“人群归属感历史建筑评判体系”在三个方面凸显了上述原则。一是沿着“历史价值标准”→“历史关联度”这条线，在三级指标细化分为“关联范围”和“影响力度”两个指标，目的是细化可针对不同级别、不同层次、不同地域历史建筑的评价标准。另外，这两项指标在操作层面的评价表中是通过二维坐标交叉方式联系在一起的。二是沿着“鉴赏价值”→“艺术价值”这条线，设置了“社会情感寄托、宣传价值”。这里的情感寄托和宣传适用于不同的层面，可大可小。三是沿着“使用价值”→“现状分析”→“有否正在被使用（居住或生产）”，还有“使用价值”→“使用功能”→“保存的完整性和原真性”，体现了历史建筑所在地的使用价值。

---

① 余慧，刘晓．基于灰色聚类法的历史建筑综合价值评价 [J]. 四川建筑科学研究,2009,35(5):240-242.

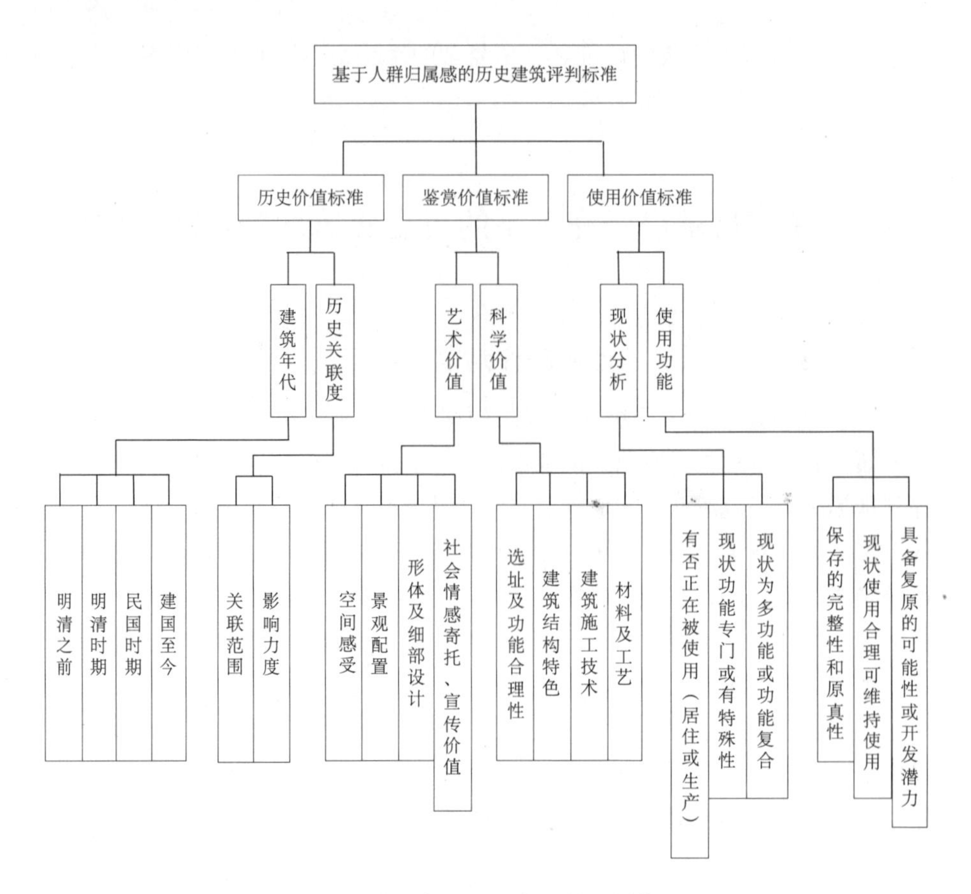

图 6-1　人群归属感历史建筑评判体系

6.3.2　赋予人群归属感的指标细化

根据“先保护后论证”“以价值为中心、保护再利用为目的”的基本方针，我们意识到还存在着一批以“非成片历史建筑”为代表的，尚未被大力维护的一般性历史建筑，而这些历史建筑正遭遇着保护的困境。这类的“历史建筑”身份未被确认，呈现为“有一定历史和文化价值，但没有被认定或暂时无法被认定”，没有任何安全保障，而多为闲置、空置，甚至被推倒、破坏。导致这种情况的原因一方面是由于当地关于历史建筑价值的宣传力度小，村民对这些历史建筑的保护意识淡薄；另一方面是来自其基本属性的限制。“非成片历史建筑”隐藏在乡村、乡镇之中，少有人问津。在各类国家级、省市级“文物古迹”“文保单位”占尽历史建筑价值评价体系的当下，我们亟待建立一套可以适用于并更契合于“乡村级”的历史建筑评判标准，为这些在现有标准下暂时无法被认定的准历史建筑提供被保护的“前提条件”。

而完成这一套看似是“无条件降低门槛”的体系设想，其意义无疑是重大的。如同国有国之宝，城有城之美，乡村也应该有自己的文化寄托，也要有看得见的历史，听得到的故事。村里的一座庙、村头的一个戏台，这些都有可能充当某个重要事件的物质载体，甚至可能在潜移默化中为村民促成某种经济文化上的发展。

通过平等地划分不同级别历史建筑的考察角度权重，同级别而非跨级别的比较评分，将一部分所处年代并不久远、辐射对象并不广阔的一般性历史建筑放置到与那些“历史文化遗产”同样重要的位置上，最终使“基于人群归属感的历史建筑评判标准”得以实现。

6.3.3　评判标准的测试及分值的界定

我们以画龙村周家岙的几处公共建筑为例，将表 6–2 进行实际填写，这有利于我们辨别该历史建筑评判标准的可实施性，并为我们提供可被作为参照的具体分数段划分界限（表 6–3~ 表 6–5）。

画龙村（周家岙）宗祠位于现在周家岙的村口，明朝时期兴起，历经战争变革时期岁月的洗刷而留存至今。这原本是村民用来祭祀先祖的祠堂，现如今虽是大致保存完好，但失去了宗祠原本的功能，可以算作废弃。对于破落的宗祠，村民仍不愿拆除，这说明宗祠在民众心中的地位尚存。经评分，该历史建筑最终得 72 分。

周家岙大会堂处于宗祠对面的高地，相比于宗祠算是新的建筑，建于“文革”时期。大会堂特有的艺术特色也是画龙村（周家岙）历史地域文化传承重要的组成部分。经评分，该历史建筑最终得 67 分。

祖堂位于村落东部，地理位置相较于前两者更加随意，但保存最为完整。经笔者查阅资料发现，祖堂一词很难在传统村落的记载上查找到，村民所说的祖堂很可能成为当地的文化特色之一。经评分，该历史建筑最终得 60.5 分。

通过对上述三个特征各有所异的“非成片历史建筑”的量化评分，我们系统地规定，60 分以上（满分 120 分）即被列为“可被保护”的范畴，但由于不同建筑具有不同的建筑属性，它们需要被提供各自不同的保护策略，或进行修复性保护，或通过注入功能重新激发活力，或以该历史建筑为蓝本建设基于此特色的文化新村。

表 6-2　基于人群归属感的历史建筑评判标准

<table>
<tr><th></th><th>一级评判指标</th><th>二级评判指标</th><th>三级评判指标</th><th colspan="8">评分栏</th><th>专家备注栏</th><th>说明及注意事项</th></tr>
<tr><td rowspan="16">基于人群归属感的历史建筑评判标准</td><td rowspan="16">历史价值（满分 48 分）</td><td rowspan="5">建筑年代（满分 24 分）</td><td>历史特征表现力 / 建筑年代</td><td colspan="2">具备特殊性（*3）</td><td colspan="2">极具年代特征（*2）</td><td colspan="2">表现力一般（*1）</td><td colspan="2">表现力较弱（*0.5）</td><td rowspan="6"></td><td rowspan="6">“历史特征表现力”指的是对应不同时代阶段，历史建筑所表现出的文化性强弱</td></tr>
<tr><td>明清以前（7 ~ 8 分）</td><td></td><td></td><td></td><td></td><td></td><td></td><td></td><td></td></tr>
<tr><td>明清时期（5 ~ 6 分）</td><td></td><td></td><td></td><td></td><td></td><td></td><td></td><td></td></tr>
<tr><td>民国时期（3 ~ 4 分）</td><td></td><td></td><td></td><td></td><td></td><td></td><td></td><td></td></tr>
<tr><td>中华人民共和国成立至今（1 ~ 2 分）</td><td></td><td></td><td></td><td></td><td></td><td></td><td></td><td></td></tr>
<tr><td rowspan="11">历史关联度（满分 24 分）</td><td>□历史事件</td><td colspan="4">□历史文化活动</td><td colspan="4">□历史（或知名）人物</td></tr>
<tr><td colspan="10">以行政等级为参照的历史建筑影响力评估（上方“□”中勾选涉及的历史关联对象）</td><td rowspan="10">1. 影响力程度具体指历史建筑在其对应级别的行政范围内，在经济、文化等方面的影响力程度
2. 专家需在已确认的历史建筑等级对应的范围内进行影响力辐射重估</td></tr>
<tr><td rowspan="2">关联范围 / 影响力度</td><td colspan="2" rowspan="2">世界范围（6 分）</td><td colspan="2" rowspan="2">国内范围（6 分）</td><td colspan="2" rowspan="2">省级范围（6 分）</td><td colspan="2">镇区级范围</td><td rowspan="8"></td></tr>
<tr><td>城市（6 分）</td><td>村镇(6 分）</td></tr>
<tr><td rowspan="2">影响力巨大（*4）（影响范围大于所在级别）</td><td colspan="2"></td><td colspan="2"></td><td colspan="2"></td><td></td><td></td></tr>
<tr><td colspan="2"></td><td colspan="2"></td><td colspan="2"></td><td></td><td></td></tr>
<tr><td rowspan="2">影响力一般（*2）（与行政等级匹配）</td><td colspan="2"></td><td colspan="2"></td><td colspan="2"></td><td></td><td></td></tr>
<tr><td colspan="2"></td><td colspan="2"></td><td colspan="2"></td><td></td><td></td></tr>
<tr><td rowspan="2">影响力较弱（*0.5）（影响范围或达不到所属级别）</td><td colspan="2"></td><td colspan="2"></td><td colspan="2"></td><td></td><td></td></tr>
<tr><td colspan="2"></td><td colspan="2"></td><td colspan="2"></td><td></td><td></td></tr>
</table>

续 表

	一级评判指标	二级评判指标	三级评判指标	评分栏						专家备注栏	说明及注意事项
基于人群归属感的历史建筑评判标准			表现程度 考察项	明显（*1）		一般（*0.5）		较弱（*0.25）			
	鉴赏价值（满分48分）	艺术价值（满分24分）	空间感受（6分）								本项中“参考指标表现程度”是指针对各自时代所具备的特征性、代表性程度，以及对现代社会的可鉴赏性、可参考价值程度
			景观配置（6分）								
			形体及细部设计（6分）								
			社会情感寄托、宣传价值（6分）								
		科学价值（满分24分）	选址及功能合理性（6分）								
			艺术价值（满分24分）								
			建筑结构特色（6分）								
			建筑施工技术（6分）								
			材料及工艺（6分）								
	使用价值（满分24分）	功能现状（满分12分）	有否正在被使用（居住或生产）（4分）								记录历史建筑的被使用现状与使用功能
			现状功能专门或有特殊性（4分）								
			现状为多功能或功能复合（4分）								
		再利用性（满分16分）	保存的完整性和原真性（4分）								给出对历史建筑使用合理性及再开发价值的评判
			现状使用合理可维持使用（4分）								
			具备复原的可能性或开发潜力（4分）								
总分（满分120分）											

表 6-3 画龙村（周家岙）宗祠评价测试

<table>
<tr><th></th><th>一级评判指标</th><th>二级评判指标</th><th>三级评判指标</th><th colspan="8">评分栏</th><th>专家备注栏</th><th>说明及注意事项</th></tr>
<tr><td rowspan="14">基于人群归属感的历史建筑评判标准</td><td rowspan="14">历史价值（满分 48 分）</td><td rowspan="5">建筑年代（满分 24 分）</td><td>历史特征表现力 / 建筑年代</td><td colspan="2">具备特殊性（*3）</td><td colspan="2">极具年代特征（*2）</td><td colspan="2">表现力一般（*1）</td><td colspan="2">表现力较弱（*0.5）</td><td rowspan="5"></td><td rowspan="5">“历史文化特征表现力”指的是对应不同时代阶段，历史建筑所表现出的文化性强弱</td></tr>
<tr><td>明清以前（7 ~ 8 分）</td><td></td><td></td><td></td><td></td><td></td><td></td><td></td><td></td></tr>
<tr><td>明清时期（5 ~ 6 分）</td><td></td><td></td><td>6</td><td>12</td><td></td><td></td><td></td><td></td></tr>
<tr><td>民国时期（3 ~ 4 分）</td><td></td><td></td><td></td><td></td><td></td><td></td><td></td><td></td></tr>
<tr><td>中华人民共和国成立后（1 ~ 2 分）</td><td></td><td></td><td></td><td></td><td></td><td></td><td></td><td></td></tr>
<tr><td rowspan="9">历史关联度（满分 24 分）</td><td>□历史事件</td><td colspan="8">☑历史文化活动</td><td>□历史（或知名）人物</td><td rowspan="9">1. 影响力程度指历史建筑所表现出的某一历史进程对该级别社会所产生的在经济、文化等方面的影响程度
2. 专家需在现已确认的历史建筑等级一栏进行影响力辐射的重估评分</td></tr>
<tr><td colspan="10">历史关联对象影响力（上方“□”中勾选涉及的历史关联对象）</td></tr>
<tr><td rowspan="2">影响力辐射范围重估</td><td rowspan="2">世界范围（6 分）</td><td rowspan="2">国内范围（6 分）</td><td rowspan="2" colspan="2">地区范围（6 分）</td><td colspan="4">当地范围</td><td rowspan="2"></td></tr>
<tr><td colspan="2">历史文化名城（6 分）</td><td>一般城市（6 分）</td><td>普通村镇（6 分）</td></tr>
<tr><td rowspan="2">影响力巨大（*4）（或可视作影响范围大于所在级别）</td><td></td><td></td><td colspan="2"></td><td colspan="2"></td><td></td><td>4</td><td rowspan="5">该历史建筑历经战争变革，年代较为久远，并且该公共建筑属性为“祠堂”，正在或曾经受到其影响的人或事的范围可能超过村镇本身的范围</td></tr>
<tr><td></td><td></td><td colspan="2"></td><td colspan="2"></td><td></td><td>16</td></tr>
<tr><td rowspan="2">影响力一般（*2）（仅对应级别）</td><td></td><td></td><td colspan="2"></td><td colspan="2"></td><td></td><td></td></tr>
<tr><td></td><td></td><td colspan="2"></td><td colspan="2"></td><td></td><td></td></tr>
<tr><td>影响力较弱（*0.5）（影响范围或达不到所属级别）</td><td></td><td></td><td colspan="2"></td><td colspan="2"></td><td></td><td></td></tr>
</table>

续　表

	一级评判指标	二级评判指标	三级评判指标	评分栏					专家备注栏	说明及注意事项
基于人群归属感的历史建筑评判标准	鉴赏价值（满分 48 分）	考察指标	参考指标表现程度	明显（*1）		一般（*0.5）		较弱（*0.25）		本项中“参考指标表现程度”是指：针对各自时代所具备一定的特征性、代表性程度，以及对现代社会的可鉴赏性、可参考价值程度
		艺术鉴赏价值（6 分）5		5	5					
		科学技术水平（满分 36 分）	选址（6 分）	6	6					
			布局（6 分）	4	4					
			结构（6 分）	3	3					
			材料（6 分）	3	3					
			技术（6 分）	4	4					
			工艺（6 分）	4	4					
		加分项（6 分）	以实物形式记载保存文字、图片史料或珍贵的科学技术（6 分）	0						
	使用价值（满分 24 分）	现状分析（满分 16 分）	保存完整性（0 ~ 4 分）	3						
			一定的规模（0 ~ 4 分）	3						
			原真性（0 ~ 4 分）	3						
			具有复原的可能性（0 ~ 4 分）	4						
		使用功能（满分 8 分）	使用功能良好（0 ~ 2 分）	0						
			使用功能特殊（0 ~ 3 分）	1						
			使用功能丰富（0 ~ 3 分）	1						
总分（满分 120 分）				72						

表 6-4　周家岙大会堂评价测试

	一级评判指标	二级评判指标	三级评判指标	评分栏								专家备注栏	说明及注意事项
基于人群归属感的历史建筑评判标准	历史价值（满分 48 分）	建筑年代（满分 24 分）	历史特征表现力 / 建筑年代	具备特殊性（*3）		极具年代特征（*2）		表现力一般（*1）		表现力较弱（*0.5）		该建筑建于“文革”时期	“历史文化特征表现力”指的是对应不同时代阶段，历史建筑所表现出文化性强弱
			明清以前（7 ~ 8 分）										
			明清时期（5 ~ 6 分）										
			民国时期（3 ~ 4 分）										
			中华人民共和国后（1 ~ 2 分）	2	6								
		历史关联度（满分 24 分）	☑ 历史事件	☑ 历史文化活动								□历史（或知名）人物	1. 影响力程度指历史建筑所表现出的某一历史进程对该级别社会所产生的在经济、文化等方面的影响程度 2. 专家需要在现已确认的历史建筑等级一栏进行影响力辐射的重估评分
			历史关联对象影响力（上方“□”中勾选涉及的历史关联对象）										
			影响力辐射范围重估	世界范围(6 分)	国内范围（6 分）	地区范围（6 分）	当地范围：历史文化名城（6 分）	当地范围：一般城市（6 分）	当地范围：普通村镇（6 分）			虽然影响范围可能仅限画龙村，但影响力是巨大的	
			影响力巨大（*4）（或可视作影响范围大于所在级别）										
			影响力一般（*2）（即仅对应级别）						6				
									12				

续　表

	一级评判指标	二级评判指标	三级评判指标	评分栏						专家备注栏	说明及注意事项
			影响力较弱（*0.5） （影响范围或达不到所属级别）								
基于人群归属感的历史建筑评判标准	鉴赏价值（满分48分）		考察指标 \ 参考指标表现程度	明显（*1）		一般（*0.5）		较弱（*0.25）			本项中“参考指标表现程度”是指针对各自时代所具备一定的特征性、代表性程度，以及对于现代社会的可鉴赏性、可参考价值程度
			艺术鉴赏价值（6分）6	6	6					具有明显的“文革”艺术特色	
		科学技术水平（满分36分）	选址（6分）	5	5						
			布局（6分）	3	3						
			结构（6分）	5	5						
			材料（6分）	3	3						
			技术（6分）	2	2						
			工艺（6分）	3	3						
		加分项（6分）	以实物形式记载保存文字、图片史料或珍贵的科学技术(6分)	0							
	使用价值（满分24分）	现状分析（满分16分）	保存完整性（0～4分）	3							
			一定的规模（0～4分）	3							
			原真性（0～4分）	4							
			具有复原的可能性（0～4分）	4							

续　表

	一级评判指标	二级评判指标	三级评判指标	评分栏	专家备注栏	说明及注意事项
基于人群归属感的历史建筑评判标准		使用功能（满分 8 分）	使用功能良好（0 ~ 2 分）	2		
			使用功能特殊（0 ~ 3 分）	3		
			使用功能丰富（0 ~ 3 分）	1		
总分（满分 120 分）				67		

表 6-5　祖堂评价测试

<table>
<tr><th></th><th>一级评判指标</th><th>二级评判指标</th><th>三级评判指标</th><th colspan="7">评分栏</th><th>专家备注栏</th><th>说明及注意事项</th></tr>
<tr><td rowspan="15">基于人群归属感的历史建筑评判标准</td><td rowspan="15">历史价值（满分 48 分）</td><td rowspan="5">建筑年代（满分 24 分）</td><td>历史特征表现力
建筑年代</td><td colspan="2">具备特殊性
（*3）</td><td colspan="2">极具年代特征
（*2）</td><td colspan="2">表现力一般
（*1）</td><td>表现力较弱
（*0.5）</td><td rowspan="5"></td><td rowspan="5">“历史文化特征表现力”是指对应不同时代阶段，历史建筑所表现出文化性强弱</td></tr>
<tr><td>明清以前（7 ~ 8 分）</td><td></td><td></td><td></td><td></td><td></td><td></td><td rowspan="4"></td></tr>
<tr><td>明清时期（5 ~ 6 分）</td><td></td><td></td><td></td><td></td><td></td><td></td></tr>
<tr><td>民国时期（3 ~ 4 分）</td><td></td><td></td><td>4</td><td>8</td><td></td><td></td></tr>
<tr><td>中华人民共和国后（1 ~ 2 分）</td><td></td><td></td><td></td><td></td><td></td><td></td></tr>
<tr><td rowspan="10">历史关联度（满分 24 分）</td><td>□历史事件</td><td colspan="5">☑ 历史文化活动</td><td colspan="3">□历史（或知名）人物</td><td rowspan="10">1. 影响力程度指历史建筑所表现出的某一历史进程对该级别社会所产生的在经济、文化等方面的影响程度
2. 专家需要在现已确认的历史建筑等级一栏进行影响力辐射的重估评分</td></tr>
<tr><td colspan="9">历史关联对象影响力（上方“□”中勾选涉及的历史关联对象）</td></tr>
<tr><td rowspan="2">影响力辐射范围重估</td><td rowspan="2">世界范围
（6 分）</td><td rowspan="2">国内范围（6 分）</td><td rowspan="2">地区范围（6 分）</td><td colspan="4">当地范围</td><td rowspan="8"></td></tr>
<tr><td>历史文化名城
（6 分）</td><td>一般城市
（6 分）</td><td colspan="2">普通村镇
（6 分）</td></tr>
<tr><td rowspan="2">影响力巨大（*4）
（或可视作影响范围大于所在级别）</td><td></td><td></td><td></td><td></td><td></td><td colspan="2"></td></tr>
<tr><td></td><td></td><td></td><td></td><td></td><td colspan="2"></td></tr>
<tr><td rowspan="2">影响力一般（*2）
（即仅对应级别）</td><td></td><td></td><td></td><td></td><td></td><td colspan="2">6</td></tr>
<tr><td></td><td></td><td></td><td></td><td></td><td colspan="2">12</td></tr>
<tr><td rowspan="2">影响力较弱（*0.5）
（影响范围或达不到所属级别）</td><td></td><td></td><td></td><td></td><td></td><td colspan="2"></td></tr>
<tr><td></td><td></td><td></td><td></td><td></td><td colspan="2"></td></tr>
</table>

续 表

	一级评判指标	二级评判指标	三级评判指标	评分栏						专家备注栏	说明及注意事项
		考察指标	参考指标表现程度	明显（*1）		一般（*0.5）		较弱（*0.25）		受限于当地，起点一般，并未表现出突出的艺术、技术鉴赏价值；但在很大程度上却成了当地文化的集中表现。（因此属于“一般”，但分值较高）	本项中“参考指标表现程度”是指针对各自时代所具备一定的特征性、代表性程度，以及对现代社会的可鉴赏性、可参考价值程度
基于人群归属感的历史建筑评判标准	鉴赏价值（满分48分）		艺术鉴赏价值（6分）2.5			5	2.5				
		科学技术水平（满分36分）	选址（6分）			6	3				
			布局（6分）			4	2				
			结构（6分）			6	3				
			材料（6分）			6	3				
			技术（6分）			5	2.5				
			工艺（6分）			5	2.5				
		加分项（6分）	以实物形式记载保存文字、图片史料或珍贵的科学技术(6分)	0							
	使用价值（满分24分）	现状分析（满分16分）	保存完整性（0 ~ 4分）	4						保存极为完整	
			一定的规模（0 ~ 4分）	4							
			原真性（0 ~ 4分）	4							
			具有复原的可能性（0 ~ 4分）	4							
		使用功能（满分8分）	使用功能良好（0 ~ 2分）	2						保存极为完整	
			使用功能特殊（0 ~ 3分）	3							
			使用功能丰富（0 ~ 3分）	1							
总分（满分120分）				60.5							

第7章　普通乡村“非成片历史建筑”的保护策略

“非成片历史建筑”的存留现象在我们的身边比比皆是，其文化价值因视角和主体而不尽相同，其社会作用也随时代变迁而越显重要。

新型城镇化要求城镇经济、生态和文化的统筹发展，也要求城镇建设与历史文化遗产保护的协调发展。正如我国大多数历史文化遗产的存在价值一样，“非成片历史建筑”同样是传承历史文化的鲜活载体，也是村镇个性村落风貌保持和持续发展的重要元素。因此，加快“非成片历史建筑”保护步伐的意义日益凸显。

现在，世界各国都日益重视人文历史的挖掘和保护，重视生态环境的改善和可持续发展。在相当长一段时间里，大量零散分布的“非成片历史建筑”仍将面临日益加剧的危机和难以解套的僵局。从上述历史建筑实地调研中出现的问题与面临困境不难发现，“非成片历史建筑”保护工作在政策办法、公众参与度、保护程序、经费渠道等方面，还有待于进一步加强和创新。

面对普通乡村“非成片历史建筑”保护方面存在的思想上不够重视、生存处境危险、基础条件差、利益矛盾多等诸多问题和矛盾，需要从全面构建生态文明的角度出发，珍惜自然村落的每一处历史印记，呵护每一个细微的记忆。在上述延伸历史建筑保护目录层级至镇村和构建普通乡村“非成片历史建筑”保护评判标准等措施基础上，从教育与引导、乡村自主建设和文化价值推介和城乡房产流通渠道等方面采取对策。

7.1　重视教育与引导，加强历史建筑存在价值的宣传

众所周知，历史建筑的保护工作中涉及的参与方众多。有政府部门官员、历史建筑研究工作者、规划设计人员、修缮队伍、当地村民等。其中，研究、设计、修缮构成专业的历史建筑保护从业人群和当地村民是乡村建设和历史建

筑保护利用的主体，涉及资金、人员、时间、气候、交通、场地等众多因素。如何有效地统筹这些因素，协调各部门、各方之间的工作，是有效开展历史建筑保护工作的重难点。

7.1.1 历史建筑保护从业人群

建筑遗产保护学是20世纪60年代国际上兴起的一门学科，该学科与建筑学、城市规划学、考古学、博物馆学、美术学、化学等学科都有紧密的关系[①]。从事历史建筑保护工作的从业人员需要掌握上述多门学科知识，其从业范围包括历史建筑修复、文物建筑保护规划等[②]。

我国历史建筑保护研究人员专业水平参差不齐，专业背景以建筑学专业、城乡规划设计专业、艺术设计专业居多，外加建筑结构专业、材料专业等建筑相关专业，主要问题是从事历史建筑保护工作的实践经验缺乏、交叉学科知识不够系统；历史建筑保护施工从业人员现状主要问题是文化水平偏低，未接受过专业文物建筑保护培训。

一方面是如何提高研究人员的业务水平问题，另一方面是提高历史建筑保护修复从业人员的整体文化水平和专业素养问题。

对于前者，应边实践边提升，加强经验交流，注重自主学习。对于后者，可以通过在高校中设置历史建筑保护专业方向或在建筑学专业人才培养方案中渗透历史建筑保护知识和能力培养。目前，我国开设历史建筑保护专业教育的高等学校仅有个位数（截至2018年1月，全国只有3所），相对于我国庞大的历史建筑数量与个位数的高校所设专门历史建筑保护专业的高等教育培养人数是不对应的。

因此，除了实事求是地根据需要适当增加专业或方向之外，在教育教学过程中，还需要有针对性地加强历史建筑保护专业学生的理论知识教育，同时强调学生的实践能力，学生应该直接参与历史建筑保护工程的实际工程。高等教育不仅要培养历史建筑保护修复设计师，还应该逐渐转变思路，调整教学目标和方向，培养"历史建筑保护修复工程师"，提高历史建筑保护修复从业人员的整体文化水平和专业素养[③]。

按照《住房城乡建设部关于开展引导和支持设计下乡工作的通知》（建村〔2018〕88号）要求："引导科研院校、设计单位积极为贫困地区传统村落提供

① 王忾．我国建筑遗产保护高等教育的现状与发展[J]．美术研究，2015(6)：106-110.

② 王忾．我国建筑遗产保护高等教育的现状与发展[J]．美术研究，2015(6):106-110.

③ 黄跃昊．我国"历史建筑保护"教育体系现状探析[J]．华中建筑，2019,37(3):112-114.

设计服务，鼓励优秀设计人才、团队参与设计下乡服务，支持设计师和热爱乡村的有识之士以个人名义参与帮扶工作。”

《住房和城乡建设部办公厅关于加强贫困地区传统村落保护工作的通知》（建办村〔2019〕61 号）中强调：“加大贫困地区传统村落保护力度、统筹推进贫困地区传统村落保护利用、加快改善贫困地区传统村落人居环境、加强对贫困地区传统村落保护发展的指导和技术帮扶。”这是第一次国家就贫困地区传统村落保护发展颁布的文件，足以看出经济发展相对落后地区乡村历史建筑保护的重要性。

《住房和城乡建设部办公厅关于加强贫困地区传统村落保护工作的通知》（建办村〔2019〕61 号）第四点还提到，“建立健全决策共谋、发展共建、建设共管、效果共评、成果共享的传统村落保护协同机制，引导村民发挥传统村落保护发展的主体作用。加快培育本地传统建筑工匠队伍，保持和提升传统建造技术水平。”

历史建筑保护并非“体力活”，也不仅是“建筑施工”，历史建筑具有不可再生的特征，它要求从业人员必须具备历史学、考古学、艺术学、建筑学、城市规划等多学科专业知识背景，科学谨慎地对待历史建筑修复的全过程。

7.1.2　历史建筑保护当地群众

城市和农村经济社会发展的不平衡直接影响了城乡教育的均衡发展，造成了农村教育的相对落后，影响了作为历史建筑保护主体人群的主动意识。

《住房和城乡建设部办公厅关于加强贫困地区传统村落保护工作的通知》强调统筹推进贫困地区传统村落保护利用。科学把握贫困地区传统村落保护利用、活态传承与创新发展的关系，坚持保护优先、民生为本，合理利用贫困地区传统村落的文化资源，发展旅游经济，助力脱贫攻坚。积极推进贫困地区传统村落保护利用与发展技术标准研究，推动传统村落保护利用和建设管理规范化。探索建立贫困地区传统建筑认领保护等制度，引导社会力量通过捐资捐赠、投资、入股、租赁等方式参与贫困地区传统村落的保护发展。

在历史建筑的保护工作涉及的众多参与方中，当地村民是主体。各级政府应当不断创新农民文化教育的方法、形式，引领和帮助农民群众了解历史建筑的文化价值和村落个性风貌发展的观念。主要有以下几点方法。

（1）提高村民主人翁意识

通过宣传教育让村民认识到其所在村落历史建筑的存在价值，通过挖掘及传播地域文化特色，增强文化自信力。

（2）实施乡村振兴战略

通过挖掘村落文化资源、建设美丽乡村、发展文化产业，增加村民归属感、自豪感、热爱家乡，从而吸引游客，将乡村的历史遗存、历史故事和土特产等加以展示，发挥社会效益的同时，增加经济效益，使普通乡村走向美丽富裕，引导村民的行为，凝聚人心，教育引导村民对家乡的认同感。

（3）开展主题讲座和培训

历史建筑保护仅靠意识和热情不行，必须有懂技术、有知识的人。只有全面细致的技术指导加上充足的技术人才，历史建筑保护工作才能持续下去。一是选送村民到地方高校接受专题培训，二是高校有关专业或民间协会团体到村镇举办主题讲座或沙龙。可以政府牵头举办，也可以校（协会）与乡村一对一合作等多种形式开展。通过送出去与引进来两个办法提升村民对“非成片历史建筑”保护的意识和自身素质。

地方高校应设置历史建筑保护与修缮专业方向，建立校与镇、校与村的合作机制，学校发挥专业学科优势。专业老师带领其学生组成专业教师与学生团队，积极服务地方经济建设，参加普通乡村建设和“非成片历史建筑”保护工作，与村民协同合作，一届一届地做下去，既培养了学生，又惠及了乡村，具有可持续性。

7.2 坚持“先保护再论证”的原则，建立相应体制机制

首先，在已有历史建筑评判标准的体系下，对于某建筑来说，要想得到一个评判结果，需要较为复杂的工作环节，等待较长的一段时间。

其次，已有的历史建筑评判标准体系所产生的历史背景是在历史建筑保护的初期或中期，是聚焦于全国众多数量的老建筑组成的金字塔尖或上部而制定的，而如今，随着历史建筑保护工作的深入开展，已经触及这个金字塔的中下部，显然历史建筑评判标准也应有所调整。如果之前有按照国家级、省级、市级来分层级的话，历史建筑在县区、镇村也应该有层次划分。实施乡村振兴战略，推进美丽乡村建设，包括名镇名村和传统村落，也包括每个普通乡村。

历史建筑的认定需要各级城乡规划主管部门会同同级文物保护主管部门进行定期普查，根据普查结果，提出历史建筑建议名录，征求利害关系人和公众、专家意见后，报本级人民政府批准公布。由此可见，历史建筑的认定是个动态、不断发展的过程。

那些暂时没有被认定，又有一定历史和文化价值的建筑（也称准历史建筑）常常遭遇保护困境。究其原因，主要如下：一是随着城镇化的迅猛发展，一些地方政府或开发商追求眼前利益，疏于保护那些准历史建筑，甚至在与拟建项目出现矛盾时，人为破坏这些准历史建筑。二是那些没有被定性为不可移动文物或历史建筑的准历史建筑，根据现行法律法规，得不到法律法规的保护。但是，如果等待政策法规到位、论证完毕，准历史建筑是否仍然存在就需要打个问号了。因为在这段时间内，由于准历史建筑身份没有明确，没有任何安全保障可言，随时可能会遭遇厄运。与诸多未被纳入历史文化名镇名村范围的传统村落命运一样，那些未获认证的准历史建筑难免会遭遇破坏。东吴镇现场调研发现的问题就说明了这个问题。

因此，历史建筑的保护工作需要具备一定的历史观和长远眼光。因为一座准历史建筑，往前推 30 年可能还看不到它的宝贵之处，但往后再推 30 年，它也许就是需要保护的“文物”或历史建筑了，所以只有执行“先保护再论证”，才有可能在其被破坏之前被保护起来。据了解，2015 年 2 月，广东省清远市出台了《清远市加强历史建筑保护的实施方案》，对可能具有历史、科学、艺术价值或纪念意义、教育意义的建筑物和构筑物，实行“先行保护，再行论证”，以解决这一难题。

7.3　多渠道、多元化、开放性筹措经费，提供资金保障

“非成片历史建筑”保护除了需要各级政府加大经费投入，还应该逐步形成政府投入为主，集体、个人、社会相结合的多渠道、多层次、多体制的投资格局，保证普通乡村“非成片历史建筑”保护所需经费。应制定优惠政策，引导和鼓励社会团体、民营企业和个人投资，通过冠名赞助、联合开展活动等形式为普通乡村提供更多资金支持，建立多渠道的普通乡村“非成片历史建筑”保护投资新体制。

“非成片历史建筑”保护和利用离不开资金，不少普通乡村“非成片历史建筑”的保护存在经费问题。例如，产权人消极等待政府拨款，而政府部门有限的保护经费主要投入“面”状的历史文化名城名镇名村，对“点”状分散的“非成片历史建筑”力不从心。因此，除政府建立专项维修基金外，有必要用财政和税收优惠等政策手段，积极鼓励民间资本和非政府机构参与历史建筑保护。例如，通过财政专项、民间集资、观光旅游、租赁转让等多种

途径，吸引地方政府、产权人、民间学术团体和广大民众参与，为“非成片历史建筑”保护提供资金保障。主要方式有“活化”“保险”和“众筹”等。

首先，向效益要资金——充分发挥活化保护的机制。借鉴香港特别行政区政府的“活化历史建筑伙伴计划”，依靠政府、社会机构和市民互相配合运作，一方面挖掘历史建筑的历史内涵，另一方面发挥其更深层次的社会功能。香港的“活化历史建筑伙伴计划”的尝试，传递着未来历史建筑保护机制的发展方向，即照顾大众利益；加强公众与专业团队的参与，整合民间资源。

其次，向保险行业要资金——积极引进非政府机构的参与，分担风险。例如，借鉴以房养老、房屋抵押等模式，“非成片历史建筑”的保护可以引入保险公司分担风险机制，在政府、产权人等之间找到平衡点。只有多方收益、多方参与、多方投入，才能持续发展。

最后，向公众要资金、向分享要经济——通过互联网方式发布筹款项目并募集资金。在调研中我们发现，历史建筑的产权相当复杂，以私有居多，也有公有的、村集体的，目前用于居住、商业、办公、文娱、教育、宗教、工业等，甚至空置。根据现有国家政策，不允许城镇居民到农村购买房屋和宅基地，只允许本村成员可以买卖本村的宅基地，这限制了城镇居民、外村村民对历史建筑保护开发的兴趣。回想当年官员、商贾“衣锦还乡”，在当地大兴土木，营造建筑，这也是不少历史建筑的起源。从历史建筑修缮资金上说，单靠政府专项经费覆盖面有限，而民间资本力量又因产权问题难以投资到历史建筑保护这块，因而针对农村地区“非成片历史建筑”保护实际情况，应制定相关政策，鼓励创新。

例如，尝试“众筹”的模式筹集资金，用分享经济提高效益。吸引向往美丽乡村生活、热爱历史建筑文化的人加盟入股。在政府或协会的支持下，利用历史建筑开展民宿宣传，用民宿产品“众筹”的方式，将民宿客人变成民宿的分红股东，客人在消费的同时，可以利用自身的人脉资源推荐客户并从民宿经营利润中获得受益，而被推荐的客户也能享受特殊优惠。这种消费变股东的玩法，让客户做个顺水人情的同时能有额外收益，用创新的营销模式打开历史建筑民宿的利润之门。

通过“众筹历史建筑民宿”模式开立的民宿，用获得政府或协会的品牌资源、宣传资源和服务资源等，为民宿投资人提供运营支持，如营销技术设备服务人员培训等。投资人只需要充分利用“众筹”方案打开当地人脉资源，即可拓展特定人群市场，而特定人群的人脉圈子也会通过“众筹”的模式充分发挥其威力，迅速地抢占当地民宿市场。效益好了，经费自然有保障。

7.4 建立价值推介系统网，共享传统村落价值利益

目前，许多普通乡村“非成片历史建筑”“养在深闺人未识”，原住民、村民和周围城乡居民都没有认识到其文化价值。对此，可以建立普通乡村“非成片历史建筑”的推介系统或平台，政府搭台，乡村唱戏，丰富城市居民休闲旅游产品供给，增加乡村农民经济收入，促进普通乡村经济发展。下好“生态产业化、产业生态化”这盘棋。例如，利用互联网、信息化、新媒体、GIS、手机 App 等技术手段对“非成片历史建筑”进行介绍宣传。一方面，可以增强村民的主人翁意识和自豪感；另一方面，可以吸引更多的城市居民到宜居的美丽乡村旅游观光，农民有了经济增收就会更好地保护历史建筑。具体措施如下：

（1）利用网络技术手段，将“非成片历史建筑”植入或链接到广大市民关注的有关网站。政府等专业的网站，只有专业人员和管理人员浏览，市民不知道，也想不起来去看。公布保护名录的目的，就是希望有更多的人去关注、了解和体验。所以，要把信息送到市民眼前才有效果。

（2）建立“宁波历史建筑保护利用”微信公众号，开发“宁波历史建筑保护利用”手机 App。“非成片历史建筑”是其中一个版块。提供了解、宣传和体验宁波历史建筑的平台，增加乡村与市民的互动，吸引市民节假日走入美丽乡村。

（3）举办美丽乡村开放日，直播乡村田园体验活动。让更多的人了解乡村休闲生活，引起乡村情怀共鸣，吸引城市居民走入乡村，传承农耕文化，聆听农村故事，认知并呵护历史文化遗产。

7.5 政策制定需体现大众参与、相互尊重等理念

“非成片历史建筑”保护的责权利问题要梳理清楚谁的事、谁说了算。如果政府说了算，一切事情就应该由政府来主导；如果某一特定集体说了算，该集体成员自然有义务分担责任；如果产权人说了算，产权人也势必应自觉参与保护工作。情理上是这样，工作上、经费上也是这样。任何事情只有权利没有义务不行，只有义务没有权利也不行。“非成片历史建筑”是政府、公

众、集体、个人乃至游客利益共同体的事情。所以，只有在政府、村落和产权人之间找到平衡点，多方参与、多方投入、多方受益，才能实现“非成片历史建筑”的保护朝着可持续发展的方向前进。由此，在顶层政策、法规、条例和办法等文件的制定上，要体现大众参与理念、相互尊重理念及可持续发展理念。

中国历史建筑保护工作的不足之处在于我们的相关立法未能形成高效的机制，从而调动各方面的力量积极参与这项工作，如在强调历史建筑所有权人责任义务的同时，忽视维护他们的合法权利；在相关决策机制上不能有效控制外行领导干部独断专行。对于如何通过改善立法解决这些问题，“纽约市地标法”的相关规定，应该能够给我们一些很有参考价值的启示[①]。

全国政协委员卞晋平等九位委员共同倡议保护传统村落，对于不同地域、不同民族和具有不同历史文化背景的传统村落，要区别对待，因地制宜。包括保哪些村落、由哪一级保、以什么方式保等，都要从实际出发。在保护过程中要坚持以人为本，尽可能地把保护传统村落与改善村民生活联系在一起，与村民自身利益挂起钩来，激发他们保护传统村落的内在动力[②]。

为顺利开展历史建筑保护工作，制定全国性的法规标准是十分必要的。例如,2005 年建设部关于发布国家标准《历史文化名城保护规划规范》的公告，对全国各地的古城保护起到了重要作用。目前，需要针对“非成片历史建筑”制定国家层面的法规，发挥国家在全国层面政策的引领作用。

另外，地方保护政策的制定实施同样具有重要意义。不同地区的特殊性也需要因地制宜，从实际出发，做到有法可依，有章可循，形成“非成片历史建筑”保护的大格局。例如，2002 年颁布的《上海市历史文化风貌区和优秀历史建筑保护条例》、2012 年颁布的《杭州市历史文化街区和历史建筑保护办法》等地方性条例，对历史建筑的保护已迈出可喜的一步，但重视程度不够，有必要细化“非成片历史建筑”保护措施。

在“非成片历史建筑”有关政策制定的理念、思路和办法上，可以借鉴上海、香港的先进经验。优秀历史建筑是上海独有的、在地方性法规中设立的一个建筑保护级别，由市政府批准公布，具有法律地位。香港对历史建筑保育与活化的政策与方法有其优越性，能较好地平衡文化传承与各方的利益关系，对内地的历史建筑保护与更新有一定的借鉴意义。

---

① 陈伟.“纽约市地标法”给中国历史建筑保护的启示[J].中国文化遗产,2015(1):90-93.

② http://www.cflac.org.cn/wywzt/2015/2015lh/dujia/201503/t20150313_289028.htm.

7.6　梳理明确历史建筑保护工作的程序和责任

为了顺利、有效地开展历史建筑保护工作，必须先解决如何处理好政府文化部门和规划部门等部门之间的管理协同问题，它们目前大多是各自为政。因此，各部门要理顺工作程序，在制定评价体系、分类管理、信息化管理、过程化监控等方面梳理清楚，公诸于众，接受监督，以利于开展工作。

同时，需要加强“非成片历史建筑”的紫线规划保护工作。2004 年颁布（2011 年修订）的《城市紫线管理办法》，对城市紫线做出了规定。而对普通乡村“非成片历史建筑”来说，类似的控制界线概念非常模糊，实际工作中难以操作。

鉴于此，宁波市开展的历史建筑普查工作值得借鉴。由宁波市规划局牵头，宁波市文化广电新闻出版局、宁波市住房和城乡建设委员会共同参与的宁波市区历史建筑资源普查工作自 2014 年 11 月开始，于 2016 年 3 月 25 日完成。首次全面系统地开展历史建筑资源普查工作，为完善宁波市历史文化资源体系，加强历史文化资源保护工作，展示和传承浙东建筑风格，提升城乡建设品位提供了重要依据。普查工作启动之初，对普查背景与目的、范围与对象、工作与流程、成果与标准等进行了培训。通过普查，掌握历史建筑及其他相关不可移动历史文化资源信息，并将其纳入规划基础地理信息数据库，以满足对历史文化资源管理、保护、分析、研究、监测的需求，为历史文化资源的利用和保护提供了依据。

普查主要成果之一是历史建筑信息库的建立，包括建筑的位置、特征、结构、形态、设施水平等信息，同时把历史建筑的位置、坐标参数等纳入规划基础信息数据库，提供给各级规划部门，使之实行紫线规划保护，确保今后这些历史建筑在其他房屋建设改造或公路、市政设施、水利建设时，实现数据共享、协同工作，避免矛盾。

7.7　强调公众参与，活化保护和利用

历史建筑作为保护级别低于文保建筑的建筑遗产，其不同于文物建筑的特性使其在具体的保护操作中具有更大的灵活性[①]。实践证明，活化、再利用、

① 朱光亚，杨丽霞．历史建筑保护管理的困惑与思考 [J]. 建筑学报，2010(2): 18-22.

可持续发展是对历史建筑最好的保护。许多历史建筑无人居住，经过岁月的洗涤，导致建筑年久失修，损毁越来越严重。从建筑的角度看，建筑物若离开人的管理和使用，很容易破败下去。为减少或杜绝这种现象的发生，采取了活化保护这非常理想的方法。活化保护指让人在历史建筑中生活和工作，并及时修缮建筑的破损部位，这样能兼顾历史建筑的功能发挥和受到细致的保护，有效避免或延缓建筑的老化衰败，甚至能使历史建筑重新焕发昔日的活力。

对于历史建筑如何进行可持续性的再利用这一点是值得探索的。例如，鼓励村民通过农家乐、游居等形式，吸引商贾、名人和传统文化爱好者等。不少历史建筑因年代久远，大多无防火、隔热、采光等保护措施，与现代生活不配套，更与新农村建设格格不入。因此，要通过建筑设计和改造提升，使历史建筑享有现代生活设施，保持活化状态，使现代人在其中生活、工作、学习等。

当然，运营模式、制度保障及公众参与等不够完善也是历史建筑保护与更新面临的挑战。在此可以借鉴《当代香港历史建筑“保育与活化”的经验与启示》，通过设立专门机构与较为完善的管理体系、构建政府—社会机构—公众“伙伴关系”、丰富活化多样性来推动乡村历史建筑的保护与更新。虽然内地的历史文化底蕴更深厚，历史建筑范围更广，但两地的经济体制有所不同。因此，对于相关问题，可以在借鉴其成功经验的基础之上自主创新、完善体制，保证优秀历史建筑的健康生存与发展。

7.8　建立健全法规与机制，引导农村自主建设机制

建立健全法规与机制，引导农村自主建设机制，要从以下几方面入手。

（1）在顶层政策、法规、条例和办法等文件的制定上，要体现大众参与理念、相互尊重理念、可持续发展理念。所制定的文件不仅要有国家层面上的，还要有地方和行业层面上的，应尽快健全配套法律体系，增强法律法规的系统性、合理性和可操作性。在贯彻落实相关政策、法规的同时，要善于在执法过程中发现问题，与时俱进，面对新形势、新问题，要及时对法律法规加以修正。责任权利要明确，针对性、时效性要强。只有在政府、城市、村落和产权人之间找到权益的平衡点，才能实现历史建筑保护的可持续发展。

（2）充分调动村民的自主性。镇政府管理权限工作要重心下移，赋予村委会更多的自主权，引导农村自主建设管理机制，调动村民的自主性和创造性。众所

周知，原住民和村民才是村子的真正主人，是农村建设和发展的主体。因此，农村历史建筑保护工作的推进需要充分调动广大村民的自主性。而要真正发挥村委会的管理自治作用，就必须使村落在经济社会中的存在感和荣誉感凸显出来。为此，需要进一步扩大农村的自主权利，明确村民居委会和各地政府及国家之间的权利范围。试行“分权自治、民主决策，切实提升农村自主发展的实力”①。

（3）树立“先保护再论证”的原则。历史建筑保护工作必须具备一定的历史观和长远的眼光。只有“先行保护，再行论证”才有可能在其被破坏之前被保护起来。我国城市建设曾走过由“破旧立新”“建设性破坏”到率先立法、依法保护的弯路，付出了沉痛、高昂的代价；国外发达国家乡村建设的经验和教训要引以为戒，绝不能等到已经毁坏严重再去做“抢救”保护。

7.9　打通城乡房产流通渠道，建立双向流动居住机制

在城乡之间打通资金和人员的双向流动，有以下两方面原因。

一方面，城市居民喜欢乡村的宁静和传统建筑环境，一些人有到农村居住的意愿。

另一方面，乡村农民憧憬城市生活，在城市多年打工，一些人有定居城市的意愿。

为了实现普通乡村“非成片历史建筑”的活化保护，需要打通城乡房产流通渠道，允许农村宅基地及其房屋上市买卖，为城市居民到农村居住提供可能，也为农民工转让空置老宅，筹措资金到市买房定居提供了可能。城市与村镇之间的人口、房屋产权等流动，是一个社会现象，是人生正常的阶段性选择，具有可持续发展性。

打通城乡房产流通渠道，有利于实现普通乡村“非成片历史建筑”的活化保护，有利于城乡之间打通资金流动，有利于城乡人员的双向流动。

如果农村房屋可以上市交易，城市居民到农村居住的同时，资金也随之流向乡村。村民转让空置老宅可以筹措到一笔资金，为其在城市定居提供了一定的前期资金。城乡之间打通资产和人员的双向流动，可以做到农村老房子的常用、常新、常维护，有利于实现普通乡村“非成片历史建筑”的活化保护，也符合社会多元化人生各年龄段正常的选择。

① 焦必方．日本现代农村建设研究[M]. 上海：复旦大学出版社，2009.

7.10 制定保护图则，精准管理，做到有据可依

建议制定“乡村法”，将普通乡村“非成片历史建筑”这一概念和名词写入省、市有关文件中，尽快落实对“非成片历史建筑”保护图则的制定，针对每处建筑的基本信息、院落/建筑格局、保护建筑、特色要素和特色立面、保护范围、保护措施等，划定保护范围和禁止建设空间，梳理出建筑、墙体、特色要素等保护内容，明确功能负面清单，从强制性要求和引导性要求两方面对历史建筑的保护利用进行规划指导。

历史建筑保护的原则是延续历史信息，满足现代使用。历史信息包括物质信息、人文信息和社会信息；满足现代使用包括设施现代化，鼓励采用现代科技与工艺。保护措施的制定方法基于两方面考虑：一是对风貌特征明显或现状保存情况较好的部分；二是建筑类型不同，保护对象也有所差异，应分别对待。例如，同样保护历史建筑外观，传统类一般民居要保护院墙，近现代类独立住宅则要保护建筑外立面或沿街立面。采取保留或按原样局部修缮的措施，对于其他部分则根据其重要程度逐级增加允许改变的内容。

保护图则主要包括保护范围、禁止建设空间、保护外墙/隔墙、院落出入口、重要院落流线、保护建筑、特色要素、复建、新建建筑、店招设置、功能负面清单、强制性内容和引导性内容等方面。

通过图则编制，实现“非成片历史建筑”的精准保护。摸清各处历史建筑的保护范围、建筑结构、特色要素等现状，提出保护与修缮利用要求等。强化保护要素与基础信息中相应照片的对应关系，强化保护图则对历史建筑后续保护利用的指导作用，便于后期历史建筑保护图则的使用和管理，对保护范围内有一定历史文化价值的一般建筑空间提出更具灵活性的保护措施。例如，云南为历史文化建筑写“家谱”，以寻求发展与传统相平衡的做法值得借鉴。

7.11 实现制度创新，建立联动机制，引入第三方评价

“非成片历史建筑”保护工作是一项系统工程，不但在理论上需要多学科的合作，而且在管理上需要多部门的协调配合。其文化遗产价值的多样性、影

响因素的多样性、作用机理的多样性，都决定了文化遗产保护工作不可能由一个或少数几个专业人员就能完全解读[①]。“非成片历史建筑”存在价值的特性决定了工作的综合性，需要依靠各级地方政府不同部门的统筹规划和协同工作。尤其是要考虑宁波的实际情况，因地制宜，创造性地开展工作。

在具体工作中，建立县（区）、镇、村三级“非成片历史建筑”保护的目标责任制，建立文保单位、规划部门和辖区部门联动机制，引入第三方或民间研究机构评价机制等。并制定配套考核体系，确保人力、物力落实到位。

在历史建筑保护中，政府要做好科学地引导工作。避免新农村建设盲目求新求异、简单复制和千村一面。积极听取第三方或民间专业研究机构的建议，借助制度创新和联动机制，确保新农村建设有传承、有创新，科学发展。

诚然，随着村落城镇化、城乡一体化的加快，尽管现在对历史建筑保护的意识、观念有所加强，但现场调研结果仍令人担忧，普通乡村“非成片历史建筑”仍面临巨大的危机，其保护形势不容乐观。因而，应强调公众参与，活化保护，并多渠道、多元化、开放性筹措经费，同时树立“先保护再论证”的理念；应加强对“非成片历史建筑”保护的宣传引导工作，让社会各个阶层尤其是当地村民充分认识到历史建筑存在的意义和价值，感受其人文生态价值、村落个性风貌价值和旅游资源价值带来的好处，这样才能激发村民最基础层面的潜在力量，保护好、利用好、传承好乡村“非成片历史建筑”，创造和熔铸既有丰富历史底蕴又有鲜明时代特色的社会主义农村新文化。

---

① 肖金亮. 中国历史建筑保护科学体系的建立与方法论研究[D]. 北京：清华大学,2009.

第8章　普通乡村“非成片历史建筑”的展望思考

中国社会正处于大规模快速城镇化进程中，我国城乡千百年来逐步积淀而成的建筑文化遗产和传统风貌也面临极大的挑战。《国家新型城镇化规划（2014—2020年）》提出，要在城市建设和发展更新中积极保护和弘扬传统优秀文化，延续城市历史文脉，这对城乡历史文化的保护提出了明确的要求。

“名镇名村”或“传统村落”整村、成片的历史建筑，即成片历史建筑由于其空间体量具有相对集中、完整、易发现、显性价值高等特点，及时得到了政府学者的关注，进而出台相应的制度和措施，得到了较好的重视和保护。而散落在普通乡村的“非成片历史建筑”由于其空间体量具有相对零星、分散、不易发现、显性价值不高等特点，没有得到或没来得及得到政府、学者的关注，针对性的制度和措施相对滞后。

面对这样一个接近空白或低洼的研究领域，本项目组深感责任重大，也担心力不从心。但是，“不积跬步，无以至千里；不积小流，无以成江海”，本项目组对“非成片历史建筑”保护的研究，就是为这一领域研究贡献一份自己的力量，付出自己的努力。基于此，本项目在规定时间内，本着科学务实的态度，主要采用调查问题、分析问题和解决问题的基本研究方法，运用专业理论知识，融合社会、经济、旅游等其他学科的科学知识，透过宁波市鄞州区一些乡村城镇化进程中“非成片历史建筑”遭遇的处境，剖析问题，探索途径，提出措施，寻找办法。

8.1　普通乡村“非成片历史建筑”的处境令人担忧

“名镇名村”或“传统村落”整村、成片的历史建筑（以下简称“成片历史建筑”）得到了较好的重视和保护，而散落在普通乡村的“非成片历史建筑”远没有得到足够的重视。调查显示，普通乡村“非成片历史建筑”的现实处境恶劣，未来命运令人担忧。主要表现形式：①村民保护意识淡薄，认为这些老的、旧的房屋没用，不如新房子住得舒服，没有保留价值；②在出租他用的过程中，存在消防和震动等安全隐患；③修缮不及时、不规范，存在建筑墙体被拆除或墙体立面被水泥覆盖而破相等现象；④文化价值宣传不到位，村民对其所在村子的老建筑的历史、艺术和科学等特色价值不了解；⑤产权复杂，管理环节存在较大困难。

8.2　普通乡村“非成片历史建筑”存在的意义和作用

8.2.1　普通乡村“非成片历史建筑”存在的意义

“非成片历史建筑”与“成片历史建筑”一样，是传承历史文化的鲜活载体，也是保持村落个性风貌和持续发展的重要元素。主要表现在以下三个方面：第一，得以保留的“非成片历史建筑”是保持村落风貌多样化，建设不同地域的美丽乡村，并使之持续发展的文脉基础。其对村落风貌多样性的贡献，无需用高深的理论来论证，只要稍微将那些传统建筑与周围的现代建筑对比一下，就能获得直观的感受；第二，“非成片历史建筑”是经济欠发达地区宝贵的文化财富，具有巨大的发展潜力；第三，乡村中所蕴藏的文化和智慧与今天生态文明时代的追求在许多层面上相契合，其对精神文化的追求、建设和生产生活的技巧是今天城乡建设取之不尽的资源，对其挖掘和传承今天的城乡建设、文化建设均具有重要的现实意义和深远的社会意义。

从历史建筑保护工作的长期性来看，“非成片历史建筑”较之于“成片历史建筑”来说，涉及范围更广、总量更多、难度更大，是全国广大乡村历史建筑保护工作中不可忽视的部分，需将“非成片历史建筑”的保护工作放在与后者同等重要的地位去研究、保护和开展工作。只有两者保护工作都取得了成功才能称得上成功，缺一不可。

8.2.2　普通乡村“非成片历史建筑”存在的作用

“非成片历史建筑”在乡村知名度、乡村旅游经济资源、文化创意产业经济特色等方面将发挥越来越重要的作用。近几年快速兴起并持续发展起来的以特定农作业或地方生活技术及历史文化资源为主题，以体验式民宿为载体的商业模式，受到众多游客青睐，是乡村人文景观综合价值的体现，而且绿色环保，具有可持续性。

首先，“非成片历史建筑”保护潜力巨大。由于“非成片历史建筑”具有零星分散、不集中等特点，目前被规范保护的数量很少、受重视程度不够。相比名镇名村或传统村落的成片历史建筑，正是由于“非成片历史建筑”发展条件有限，在非常不利的环境下顽强生存下来，才显得更自然、更珍贵、更稀缺，这说明其是更具说服力的文化积淀。随着城镇化进程的推进，“非成片历史建筑”所具备的区域范围价值的潜在性、保护工作的广度性、历史表现的层次性等特性逐步得到相应显现，为当地文化事业和文化产业提供了潜在而扎实的基础。

其次，“非成片历史建筑”保护是焕发村镇活力之契机。“非成片历史建筑”充当着村镇的文化标签与村民们的文化印记。其是村民们日常生活的集散节点，或是村镇层级街道的交通枢纽，抑或是普通代际交流的场所。无论从哪一个角度上考量，它都已经成为保证村镇文脉完整性与发展连贯性不可分割的一部分，保护好它是焕发村镇活力之契机。

第三，“非成片历史建筑”保护意义深远而可持续。“非成片历史建筑”蕴含着其所处时代和社会的丰富历史气息。其价值不只是充当历史载体，更是村镇风貌特色的贡献者，其存在的文化价值远远超过建筑本身，在时间轨迹上体现出持续性。从现象学讲，历史建筑自身就可以引发人的知觉体验并诱导人们思考，然后使某些历史得以留存。唯有秉持因地制宜的理念，挖掘和整合文化资源，实现文化与经济齐头并进，才能真正实现城镇动态演变过程中的可持续发展。

8.3 普通乡村“非成片历史建筑”的存在价值特点明显

普通乡村“非成片历史建筑”的存在价值除具有与成片历史建筑存在价值的共性之外，还具有层次性、广度性、持续性和潜在性等特点。

8.3.1 层次性

按照历史文化遗产内在价值大小，可以将遗产分为不同层次，在名城、名镇、名村等多层次人文生态格局框架下，普通乡村“非成片历史建筑”理应列入其中，其是多层次人文生态的基本组成部分，其存在价值不容忽视。

8.3.2　广度性

普通乡村“非成片历史建筑”所涉及的地域范围更广，数量更多。从历史建筑保护工作的整体性来看，普通乡村“非成片历史建筑”的保护较之于成片历史建筑来说，涉及范围更广。数据显示，我国有近 60 万个行政村，其中普通乡村占比很大。截至 2016 年 3 月，列入“名镇名村”名单的有 528 个，列入“传统村落”名录的有 2 555 个，另外 700 多个省级历史文化名镇名村，加在一起的数量，在我国所有行政村中的占比不到个位数，保护数量远远不够。即使今后几年不断推出“名镇名村”和“传统村落”目录，进入保护目录的数量在全国范围内也明显太少。由此看出，普通乡村“非成片历史建筑”具有举足轻重的地位，亟待采取措施加以保护。

8.3.3　持续性

普通乡村“非成片历史建筑”有其时代社会背景，其文化价值不仅是历史载体，还是乡村发展的见证者、村落风貌特色的贡献者。从时空角度看，其存在的价值对今人及后人来说远远超过建筑本身，具有持续性。从现象学来看，老建筑自身就可以引发人的知觉体验并诱导人们思考，是重要的乡村人文景观的价值体现。

8.3.4　潜在性

得以保留下来的普通乡村“非成片历史建筑”，是经济欠发达地区宝贵的文化财富，具有巨大的发展潜力。中华文明最主要的内容是农耕文明，乡村中留存着数千年积淀的文明成就，是中华民族文化复兴的基地和源泉。

8.4　历史建筑保护的概念、内容和方式需不断地创新拓展

8.4.1　概念方面的创新

项目组对普通乡村“非成片历史建筑”进行了定义，给普通乡村的“非成片历史建筑”划定了范围和明确了类别，为进一步研究奠定了基础，并首次公开明确提出了普通乡村和“非成片历史建筑”概念。

纵观我国历史建筑保护工作走过的历程，从不在乎到不舍得，再到成片保

护。如今，国家关注的焦点，已经由名镇名村建设，转向兼顾普通乡村建设；由成片的历史建筑保护，转向关注“非成片历史建筑”保护；由粗放的历史建筑保护，转向精准的历史建筑保护。可以说，随着认识、实践、制度、机制和管理等方面的进步，我国精准保护历史建筑的新阶段即将到来。现在，需要将普通乡村“非成片历史建筑”保护放在与“名镇名村”和“传统村落”同等重要的地位。

8.4.2 内容方面的创新

项目组首次提出了普通乡村“非成片历史建筑”的存在价值特性。提出普通乡村“非成片历史建筑”除了具有成片历史建筑存在价值的共性之外，还具有层次性、广度性、持续性和潜在性等特点。填补了宁波地区、浙江省甚至全国范围的普通乡村“非成片历史建筑”保护学术上的空白。

8.4.3 保护方式的创新

1. 打通城乡房产流通渠道，建立双向流动居住机制

打通城乡房产流通渠道，有利于实现普通乡村“非成片历史建筑”的活化保护，有利于在城乡之间打通资金流动，有利于城乡人员的双向流动。城乡之间打通资产和人员的双向流动，符合社会多元化人生各年龄段正常的选择现象，具有可持续发展性。

2. 向“众筹”要资金，向“分享”要经济

用“众筹”的模式筹集资金，用分享经济的方式提高效益。吸引向往美丽乡村生活、热爱历史建筑文化的人来加盟入股。在政府或协会的支持下，在利用历史建筑开展民宿宣传的同时，用民宿产品“众筹”的方式，将民宿客人变成民宿的分红股东，客人在消费的同时，还可以利用自身的人脉资源推荐客户并从民宿经营利润中受益，而被推荐的客户也能享受特殊优惠。通过“众筹历史建筑民宿”模式开立的民宿，将获得政府或协会的品牌资源、宣传资源和服务资源等，为民宿投资人提供运营支持，如营销技术设备服务人员培训等。效益好了，经费自然有保障。

8.5 待深化与拓展空间

因时间关系，本项目研究在普通乡村“非成片历史建筑”的改造提升上仅在方案层面进行了论证研究，没有实际操作；在民宿“众筹”模式等方面，也

仅限于概念层面，没有实际实施。本课题组今后还将继续进行这方面的研究，以推动本项目研究成果的应用，以验证和修正研究成果。总结前面的经验教训，应在以下几方面深化“非成片历史建筑”保护研究。

（1）普通乡村“非成片历史建筑”精准保护研究。

（2）普通乡村“非成片历史建筑”保护模式创新研究。

（3）“非成片历史建筑”与普通乡村风貌特色提升研究。

第9章 普通乡村提升改造设计研究与实践

9.1 普通乡村“非成片历史建筑”的肌理研究——以宁波天童村为例

“非成片历史建筑”的保护与更新包含两个方面的内容。一方面是对有价值历史信息的保护与更新，另一方面是对“非成片历史建筑”所在城镇本身文化、生态意识等人文精神层面的挖掘。前者侧重可见的政策措施，后者则属于对当地城镇文化中意识形态的保护。在这些“可见”与“不可见”之中，“非成片历史建筑”以其在城镇底图上所形成的肌理形式充当着表达的媒介，释放着它特有的区域性的文化魅力。“肌理”能够表达一座城镇的性格特征，也是我们考察这些“非成片历史建筑”在环境中的交通地位、功能性地位、文化地位等的论证方式，为我们更系统、全面地落实保护对策提供了理论工具。

9.1.1 意义

保护与更新本身就是一对相互矛盾的词，而现在面对城镇肌理的保护，我们却要做到保护与更新相辅相成，这就需要我们对所研究的城镇有充分的了解，保护其中值得保护的部分，更新存在问题的部分。

肌理是一种记忆，是地区身份的标识，也是这一片地域通过长期的推敲所演化出的适宜城镇生长的最佳形态。虽然时代的演变和经济的快速发展，导致肌理的更新无法跟上发展的脚步，但是肌理原本的内在形态，却是凝聚当地居民的一种有形的力量。人们长期记忆中的街巷，在一定程度上牵引着人们的归属感。

城镇肌理延续是在自然和人文双重条件下形成的。这可以理解为一个“产生、发展、冲突、稳定”的连续生长过程。正因为肌理有这种“连续性”，所以在肌理发展过程中，大面积的肌理更新是不可取的。肌理是时间的产物，是历史沉淀下来的痕迹。我们需要尊重肌理的生长规律，从整体性去考虑区域的发展状态，从保留历史文脉的角度出发，去对肌理做保护与更新。更新也并非随意，最好在保持原有格局的条件下，以适应周边环境的形态，在更新点设置有利于满足新的生活方式的功能建筑，来丰富原有的单一形式，以适应新的发展环境。

历史文脉可以说是城镇肌理的营养，是它让肌理变得有内涵。不同的区域有着自己不同的文化理念和历史风俗，正因为有这些文脉贯穿在肌理之中，区域的纹理才有了各自的标识，每一片肌理的形成都有着自己的故事和历史，这种精神上的形成要素，更容易产生情感意识，而去迎合现代人追求“根”文化的潮流，也更是肌理能够延续至今的重要因素之一。

9.1.2　肌理的研究理论基础

1. 肌理的形成

城镇是一个发展着的集合体，其肌理也随着其发展呈现出不同的态势。从自然发展观的视角来看，这是一个漫长而有意义的生长过程。这种内在的自然属性，在城镇发展的不同时期，会随着人文活动的影响，以及地态地貌的限制而“生长”出其独特的形态。在一片区域内，看似复杂的城镇格局可以视为一个肌理单元不断自我复制和拼接而形成的，而影响肌理单元的则是当地的民俗习惯和地域差异等。

肌理在自然发展过程中，有着自我的调整性，并在不断地调整过程中，寻求最佳的适应形态，最终在一个时间段内达到与自然和人类生活和谐的平衡，此时肌理在地域的扩展延伸的速度就会变快；这一时段过后，新的外界因素又会对这片区域产生影响，而肌理又会进行适应性的变更和微调，以达到一个新的平衡。如此往复地进行，形成了适应人们生产和生活的“城”。

而这种生长的脉络，一般是根据水纹、地形来伸展的。每一条道路的铺设、每一条渠道的设置，都有它相应的意义。它们交叉相错，形成了肌理的纹路，也是建筑格局的界限，它们之间既相互约束，又相互映衬。

涵养在肌理之中的民俗文化，是一种无形的影响因素。不同的村落，有着不同的建筑风格，这就是这一隐性因素在实体建筑上的表现。文化的影响因素起着一种潜移默化的作用，这也是博大精深的中国文化的魅力所在。

2. 肌理演变的问题

之所以称肌理会“生长”，是因为它是在时间的不断磨砺下形成的。肌理会在生长的过程中，受到外界的影响，从而改变它的生长形态，以适应新的环境，并在不断磨合中，形成一个又一个新的肌理单元。但是，这样的一种生长模式，并不是稳定的，在外界人为作用力的过度刺激下，肌理会发生“突变”，造成区域肌理的不协调，从而“畸形”发展。

（1）城镇化的经济冲击

由于城镇化的快速发展，原来村落内的生活体系发生了变化，新建筑迅速崛起，此中缺少了文化遗留，变成了肌理的上格格不入的“补丁”，失去了古村落的整体性和原有的风貌。新建筑在村落内就变成了“肿瘤”，其迅速膨胀、发展，在排挤旧民居的同时，也会造成村庄格局的畸形发展。

如果对这种冲击不加以控制，那么古村落最终将会被快速发展的城市吞没，原有的文化传统也将化为乌有。最终，这些古村落将被拆解。又因为古村落本身就无法达到城市的经济发展状态，成了一个盲目发展、无更多上升空间的区域，从而趋向人口流失、发展滞留、生态破坏和人文缺失。

（2）外来文化的侵蚀和同化

世界上没有两片完全相同的叶子，村落也是如此。而在古村落的规划热潮中存在一些十分经典的案例可供参考，也不免会使一些村落争相效仿，这只会让村落看似相仿，而失去了原有的特征，这对古村落的维护是致命的。一个古村落如果失去了原有历史文化的印记，复制了外来的文化，那么当地的人文业将很难再去保留和延续，久而久之，文脉就由此断裂，失去原有的村貌特征，“根”文化的褪色，也会影响文化民俗的传承、地方凝聚力的减弱，最后丧失原有的文化保护价值。

（3）建筑的时间价值和维护价值

生活体系的转变引起的功能缺失，会让原有的民居失去主人，变得闲置、破败。这是因为生活形式的转变使原有老旧建筑无法适应，成了所谓功能不足和有缺陷的建筑。旧民居虽然具有保存价值，但是因为无人使用而变得“多余”，原有的古民居群区域也会变得更加破旧。古建民居的维护并不是普遍性的，很多古建民居需要通过专家评定来判断其是否需要修复和保护，在此之前，这些古建民居只会是“废弃”的任人宰割的“物件”，而不是应该被保护的遗产。虽然现在推崇“先保护，后论证”的策略，但是仅局限于人力、财力和物力，许多这样的古建民居虽然被认可，但也不能得到及时的保护。

3. 城镇肌理关于时间尺度的划分

城镇肌理根据基本单位之间的组织规律分为有机型、几何型、复合型。事实上，基本单位在不同时间尺度上的堆叠也可以视为不同的肌理类别的划分依据。有机型，在纯粹的自然力影响下形成；几何型，经人为的规划短时期内快速形成；新型城镇化视域下以第三种复合型居多，是在自然条件制约的基础上受城镇化趋势影响的发展形态。明显地，城镇本身具备的文化底蕴以及强大的城镇化浪潮直接影响了城镇新旧肌理的杂糅，也因此削弱了肌理的层次感，在潜移默化中导致普通城镇缺少了“个性特征”。

4. 城镇肌理关于高度空间层次的划分

城市肌理的观察视角习惯于地面上人的平行视角或者身处高空自上而下地进行观察，或侧重思考人文主义，或注重地域分区但忽视地域内涵，研究时视角混乱，易发生研究目标与研究对象的不明确与不匹配。

因此，我们选择将城镇肌理的视角高度分为三种尺度：能够将人体作为尺度参照的高度是微观尺度；身处高层建筑时高度为中观尺度，是人不借助外力可达的最高高度下的视角，是人群最能普遍体会到的城镇空间格局；高度超过 1 km（以中空无人机飞行最低高度为标准）时为宏观尺度。宏观尺度下能够反映城镇格局、建筑与周边的环境之间的适应效果，侧重对环境的统筹考虑；相应的中微观尺度则是放低了观察的视角，充分考虑人群在环境中的体验，验证宏观尺度下肌理界面的连续性和可达性。三种尺度整体考察则提供了连贯的城镇肌理考察思路。

5. 城镇肌理关于水平空间层次的划分

在新型城镇化发展趋势下，普通城镇未被重视的“非成片历史建筑”成为“被放置”的原有建筑肌理。当新建的建筑肌理或已经被更新的建筑肌理逐渐融入原有建筑肌理之中，“相似的元素或一小簇一小簇相似的元素遍布于不相似的元素中间”[①]，如果说新建建筑肌理无法在城镇肌理中被很好地消化，也就意味着非成片的历史性肌理在城镇基底上出现了断层。

如承上一条关于“高度空间上的尺度划分”，水平空间也应以这三种高度为基础分别展开。在每一个高度层面上都存在相应的“实体”与“虚体”，构成城镇特征的交互作用。并且通常而言，城镇特征由“虚实体的共同形象”浮现，不单独由功能性实体体现，这也强调了对“非成片历史建筑”周边环境，即对“虚体”进行考察的必要性。

9.1.3　“非成片历史建筑”肌理保护与更新要素

1. 建筑及院落——保护建筑实体，维持乡村个性

建筑即肌理的血肉，其中一个个小的院落则是单位肌理，一座城镇的形

① 邱枫. 基于 GIS 的宁波城市肌理的研究 [D]. 上海：同济大学，2006.

成都是通过这样的单位肌理的不断演化、复制和生成来完成的。概括起来，天童村民居院落形式分为院落式（图 9-1）、独院式（一院多户）（图 9-2）、无院式（图 9-3）、无院式（组团尽端式道路）（图 9-4）和联院式（图 9-5）等形式。新型城镇化视域下“目前大多采用统一的建筑尺度，大同的现代建筑形式”①，而如若能够很好地保留建筑及院落特征，便是维持城镇“个性”的有效途径。

图 9-1　院落式

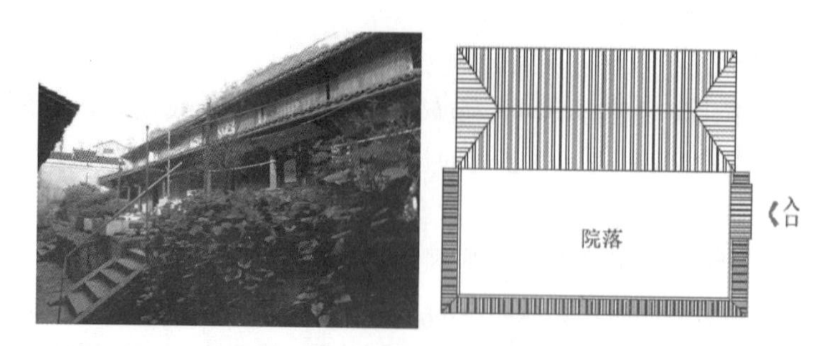

图 9-2　独院式（一院多户）

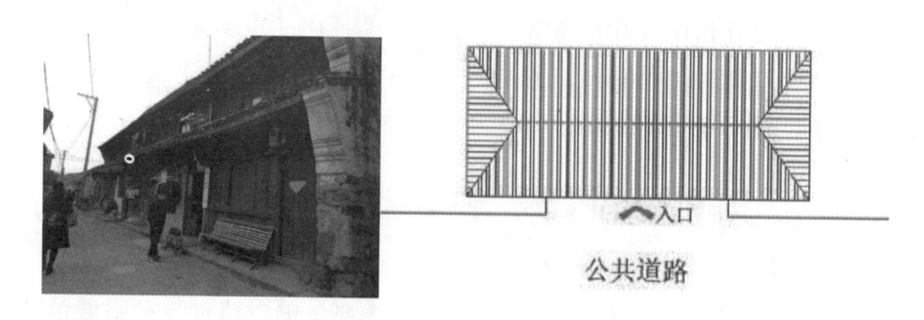

图 9-3　无院式

① 朱霞，谢小玲．新农村建设中的村庄肌理保护与更新研究[J]．华中建筑，2007(7):142-144.

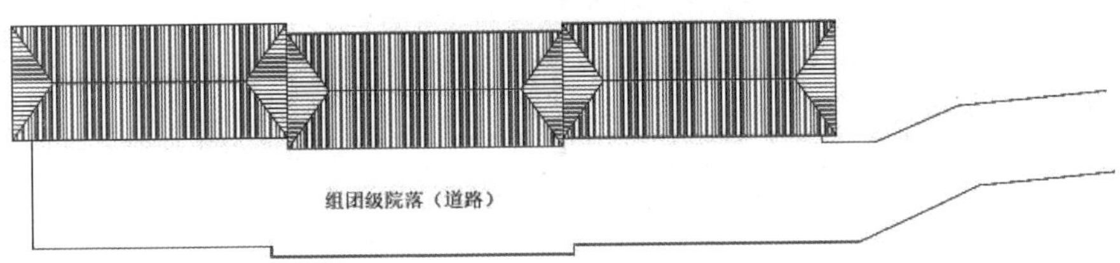

图 9-4　无院式（组团尽端式道路）

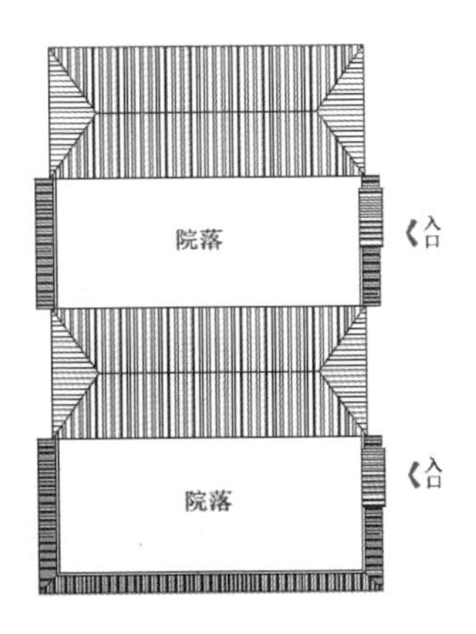

图 9-5　联院式

1. 道路及路网——划分虚体层次，保留乡村记忆

天童村内的道路分级划分很明确，主街为天童街，民居间的道路则是仅供步行使用（十分狭窄），而村内有“十字”形的车行路口，是一些拜访者和当地外出工作者行车进入的主要通道。道路的规划主要从确定道路的用途进行

分级划分和对主道路进行调整拓宽（图 9–6）。民居间的步行道路需要疏通整理，进行私有和公共空间的划分，明确道路和开敞式院落的界限。这也能确定建筑边界，在村民改建和扩建房屋的过程中不至于排挤两边的建筑，造成村落内的格局变化。将道路分级规划，能让肌理更加清晰，对房屋进行更为明显的限定，不让其越出本该有的边界，以至于破坏了肌理形态。

图 9–6　天童村道路规划（粗实线 – 车道，中实线 – 街道，细实线 – 宅间道）

借助卫星图可以看出，天童村与童一村之间以一条道路为界（图 9–7），早期的道路很明确，但后期的村落发展形成的村域道路很曲折，这也是建筑快速崛起、不按照肌理生长的脉络而造成的结果。从卫星图上也能看出左右两边的建筑形式有着风格上的区别，如天童村多以方整院落的形式出现，并且有一些是东西朝向的民居；而童一村则大多为零散的小院落或者单个民居，民居大多为南北朝向，比较规整。

图 9–7　天童村卫星图（左边为天童村，右边为童一村）

路网，一方面是城镇肌理水平层次上的虚体，达成功能性必备的可达路径；另一方面，路网也是人们一种精神上的归属。每一段路网的生成都有其各自的历史故事，伴随着人们成长，对这个路网的熟知，就像对家乡的熟悉一样，一条熟悉的道路总能给人安全感——不同时间层面上的人都能够在环境中找到他们生活的痕迹，这也就在新型城镇化趋势下改善了“同质化、缺乏归属感”等现象的产生。

2. 水网及景观——规划景观节点，重塑滨水特征

（1）滨水建城是宁波的特点

水渠在民居间穿梭，有一番小桥流水的情调。河流是在自然条件下“生长”形成的，是自然的要素，形成的是自然型的城镇肌理。但是，在天童村内，因其水量较少，代谢缓慢，再加上村民在渠道中丢弃垃圾，都使水流不再顺畅。

（2）水为植物提供生长条件

当城镇的肌理沿着水的流域布展开来，水网在城镇内的分布大体上是均衡的，因此将水网与绿化景观结合会更为协调。规划中，在水道旁镶嵌一些绿化节点（绿圈），以保证村落内的生态环境的平稳。建筑节点（蓝圈）主要是标识作用，设置在村口几个路口处，标识表明道路通向天童村（图 9–8）；太白庙前的建筑节点标明该处为太白庙，以此作为吸引游客的标志。

图 9–8　天童村景观节点规划

9.1.4　“非成片历史建筑”的肌理研究价值参考

将“非成片历史建筑”放置在城镇图底上，研究其肌理特征就是通过肌理设计等建筑设计、城镇规划的方式，以强调“视觉”上的体验来激发“知觉”

触感，最终达成增强人文生态精神价值观念、提升传统文化软实力的目的。

1. 从无形的历史积淀到可见的城镇肌理

城镇肌理这种研究方式基于的正是历史沿袭下城镇文化的积淀。“城市空间的演变是有形的、可见的，正如集聚和扩散可以用来形象地描绘城市空间演变的两种主要形式，但是真正导致这种演变的力量是无形的，它存在于历史进程中各种政治活动、经济改革、社会变迁、文化演进的背后。”① 从天童村道路路网的演变中不难发现，原始有机型的城镇肌理不再被自然条件制约，反而受到当下经济条件、经济现状的影响，越来越向着人工型的城镇肌理发展。当面对已经被破坏的自然肌理，以及身处新型城镇化的洪流之中时，我们必须反思，在“城乡一体化”的热潮中，如何才能更好地保有“一体化”中彼此的界限，应当如何适当、适度地保留城镇特征，如何在微观尺度中营造肌理的亲切感，又应当如何在城镇的宏观尺度上体现地域魅力，等等。

2. 从孤立点状节点到可持续性的城镇肌理

一个具有活力的城镇地区通常表现为以街道或广场等因素所构成的公共空间②。天童村的主街天童街，曾是东乡十八街之一，《鄞县志》对此就有记载。20 世纪三四十年代，在天童上街太白庙一带，有戴万顺棉百商店、福源百杂商店、同和南货糕饼店、咸货店、万寿堂中药铺、徐梅青肉铺、打铁店、土制卷烟作场等大小商肆数十家，还有附近海边的瞻岐、合岙、三山等小贩前来贩卖鲜鱼，集市繁盛一时。但现今随着生活方式的改变和人口的迁徙，天童村没有了原先的繁盛，天童街也日渐萧条。

但我们仍然能够感到欣喜的是，如今的太白庙依然是一个生活气息很浓郁的宗祠，老人们时常会来庭院内坐着歇息、聊天、乘凉，太白庙在漫漫历史变革中仍然充当着当地村民日常生活的肌理节点。保护并更新“非成片历史建筑”，就是希望通过研究现存的、承袭着过去的点状肌理，更好地挖掘这些“非成片历史建筑”背后所承载着的，已经消亡或正在消亡的片状城镇文脉，实现肌理动态演变过程中的可持续性发展。

总之，肌理在一定程度上打上了地域文化的烙印，留住了人们的记忆，是人们“归根”的信念，对城镇肌理的更新与保护就要求我们在保证其格局等不变的条件下，进行完善和丰富，来满足城镇区域人们的生产生活需要。也只有这样，城镇才能够平稳地发展，而不是在经济快速发展的洪流中被“冲毁”。

---

① 王聿丽 . 宁波城市空间结构的演化和趋势研究 [D]. 上海：同济大学 ,2003.

② 童明 . 城市肌理如何激发城市活力 [J]. 城市规划学刊 ,2014(3):85-96.

9.2　挖掘乡土文脉，焕发村落生机——以宁波童一村为例

本研究通过调查分析童一村人口组成、产业结构、历史文化、地形地貌等信息资料，对童一村及其周边的乡土文脉资源进行了挖掘。据此，在乡村旅游、生态整治和村落风貌等方面扬长避短，提出了游览环圈、历史建筑保护利用、老街转换等规划提升方案。

9.2.1　村落现状分析

童一村位于鄞东太白山麓，距离宁波 25 千米，东有古刹天童寺，南为宝瞻公路，西临碧波荡漾的三溪浦水库，北接东方大落北仑（图 9–9）。全村共有 620 户人家，常住人口 1 580 人，耕地面积 1 232 亩，山林面积 8 560 亩，社员人均收入 9 500 元，各类企业 30 余家，实现工农业总产值 1.2 亿元，村年可用资金 90 余万元。曾经的童一村以太白仙茗茶叶为主要产业。而现在，整个村子都像是处于百废待兴的状态，大部分茶田都已经闲置荒废。

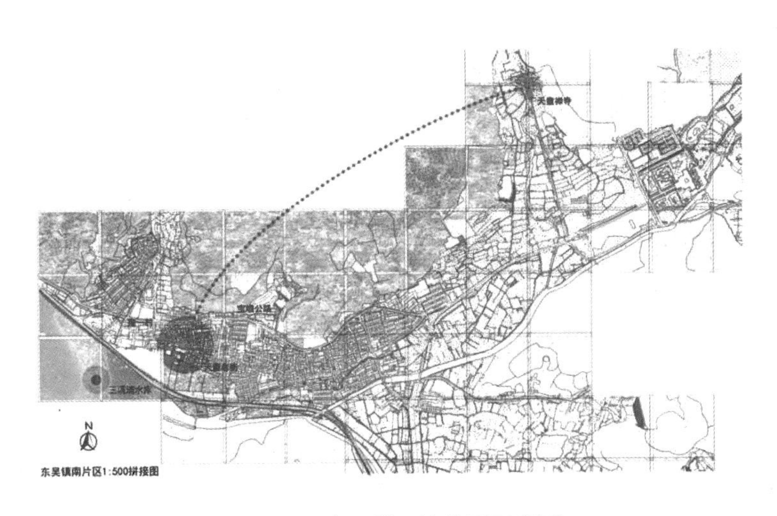

图 9–9　童一村环境位置示意图

据现场考察，童一村大部分建筑都是土石结构，一小部分为砖木混合。两处民国的历史建筑空间正在被周围新建的房屋挤压，处境危险。其中，有很多历史遗留建筑，需要修葺和保护。其中，最有历史价值的王氏吉宅和商河名

居坐落于天童老街。天童老街长约 1 千米，街上有许多民居，还有沿街的小卖部、理发店、酿酒作坊以及工厂。虽然经过人们的改造，还隐隐约约留下了民国时期的墙面、栏杆、屋面、门户以及保存较完整的民居，天童老街前半段连接王氏吉宅，后半段连接商河名居，天通老街也有一些历史残留的痕迹，有旧的墙面和屋面，不过也有一些格格不入的改造，如石墙上抹水泥、一些突兀的瓷砖。天童老街虽然在村民的使用过程中，不断地改造和变化，但是还是留下了历史的印记，值得人们去品味。

9.2.2 规划理念及对策

1. 融入天童旅游产业，挖掘地方传统特产

童一村东距天童古刹 2.4 千米，步行至天童寺大概需要 40 分钟。而天童寺距今 1 700 年，位于浙江省宁波市东 25 千米的太白山麓，始建于西晋永康元年（300 年），佛教禅宗五大名刹之一，号称“东南佛国”。因此，在规划过程中，首先应将童一村作为天童寺文化旅游的休息驿站，为游客提供饮食、住宿、购物、娱乐等配套设施及服务，创造更多的商机、就业岗位，从而带动当地村民的就业和增加经济收入。同时，丰富和细分天童寺景区旅游经济。其次，恢复研发童一村原有太白仙茗茶叶的产业，突出历史文化传承和打造地方特色产业，增加村落的造血机能，使其保持可持续发展。在旅游驿站和太白仙茗茶两条产业链作为童一村经济发展基础的理念下，创造集茶、佛文化体验于一体的空间环境（图 9-10），具体如下。

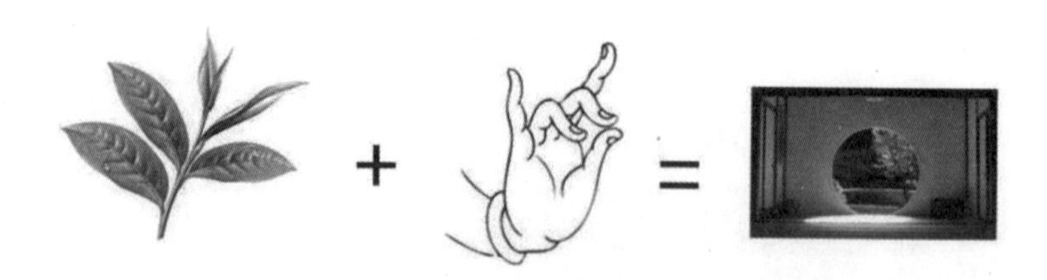

图 9-10　茶、佛文化的体验空间

（1）采摘体验

采摘体验是现在新农村旅游建设的主要旅游项目。每年的 3、4 月正是明州仙茗的丰收季节，而童一村大片的茶田形成一片翠绿的茶海，具有良好的生态资源。这时来天童寺的游客不仅顺便可以来童一村品茗，在呼吸着茶芬芳的同时，还可以游走在乡间茶田，每个游客可以根据个人的意愿住在禅词街的客栈，期间可以亲手采摘茶叶并晒干带回去品尝，从而体验采茶的乐趣。

（2）感悟茶韵佛道

自古文人墨客多把茶文化与佛教文化联系在一起，而在规划过程中童一村是作为天童禅寺文化游的辅助性村落，自然要将佛教文化与茶文化相互融合，在景观与建筑风貌中植入佛教文化，而又秉承美丽乡村规划理念，将佛教文化弱化为禅意元素，与新打造的茶文化融为一体，作为天童寺游客的度假胜地，可以吸引游客留宿童一村，静下心来，慢慢感受天童古刹厚重的禅意，感悟人生。另外，童一村可以缓解天童古刹旅游高峰期客流量过大的压力。

（3）老街新生

天童老街作为童一村唯一的古街，历史的遗迹依稀可见，古朴的天童老街有些部分早已被新建建筑挤压地失去了原貌，现状风格杂乱，破旧不堪，所以在规划过程中将原有的天童老街与贯穿整村的宝瞻公路连接，将三处民国古建筑，王氏吉宅和商河名居串联起来，通过“以点带线，以线带面”来带动整个村子的发展。

（4）垂钓客栈

三溪浦水库位于童一村东南方，与村落隔着一条宝瞻公路，具有独特的水源优势，在童一村与三溪水库相邻最近的东南方位开发鱼塘，在鱼塘边建造独家客栈来吸收天童寺文化游的游客，让游人享受放松的农家垂钓。

2. 发展生态农业旅游，营造绿色休闲生活

（1）鱼塘整理

充分利用童一村环山抱水的地理优势引入三溪浦水库的水资源打造开放性鱼塘，作为水产生态带二级净化，修复生态，构建一个水陆共生的复合环境来增强村落的生态承载力（图 9–11）。

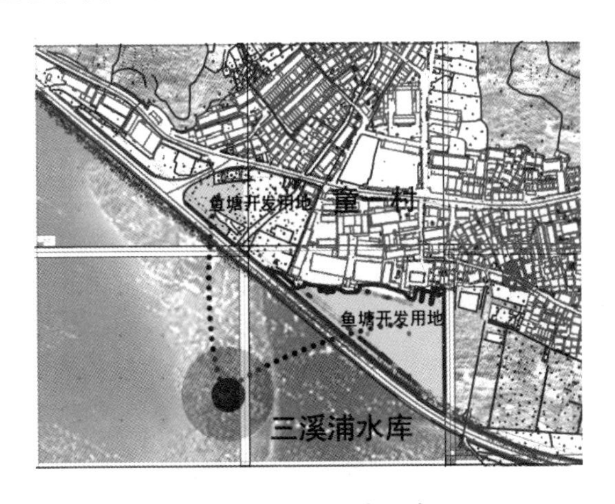

图 9–11　鱼塘开发示意图

（2）茶田整理

童一村荒废茶田近40多亩（26 666.8平方米），将茶田重新整合治理，不仅能带动旅游业的发展，更能提升童一村整体生态环境。

（3）步道植入

在村落整体的有机更新中，不仅要更新古村落原有的生态系统，还要更新村民和游客的生活方式，结合童一村的生态景观修建康体步道，打造村民和游客的养生绿色生活。

3. 活化保护历史建筑，打造村落特色风貌

（1）“非成片历史建筑”的保护

在贯穿童一村的宝瞻公路上有一处民国时期的王氏吉宅，孤零零的，属于“非成片历史建筑”范畴。从调研的情况来看，王氏吉宅的保护并不乐观。该建筑为村民私有，现为“童一羊毛衫联营厂”的一部分。院内和建筑外廊堆满了杂物，大部分木柱产生裂缝，整个建筑充斥着机油的气味，存在很大的安全隐患，又受到周围新建建筑的挤压，整个建筑岌岌可危。所以，为了提高村民对历史建筑的保护意识，应该让村民感受到历史建筑的经济价值和艺术价值；采取相应措施来控制和缓解新建建筑对王氏吉宅的空间挤压。为吸引游客、繁荣乡村旅游，要创造良好环境条件，从而带动村民增收致富。将街道建筑改造为类似王氏吉宅的穿斗式仿古建筑，再对建筑内部进行平面改造和加建，形成服务于大众村民的茶博园，让村民亲身体验到古建筑艺术价值的魅力，从而唤醒村民对“非成片历史建筑”的保护意识。

（2）确立建筑形态

据考察，童一村有两处能体现村落文脉的“非成片历史建筑”，即王氏吉宅和商河民居。随着经济的发展，村民对居住环境改善的需求日益提高，多数人选择对自己的房子翻新或拆旧盖新。在村民肆意新建、改建的过程中，童一村的历史气息正在逐步丧失，形势岌岌可危，原有村落的特色逐步退却，自然吸引不了游人驻足。尽管童一村与千年的天童古刹相邻，周围具有东吴镇国家文物保护单位天童寺和天童国家森林公园这样丰富的旅游资源，但是一个看不到历史文脉传承的城镇乡村照样留不住游人。所以，要挖掘该村落自身的旅游文化资源，应从建设村落建筑和景观一步步入手。以王氏吉宅和商河名居为例，提取两处历史建筑的结构特色，在保留原有土木结构的同时，将天童寺这个千年古刹的佛教建筑和景观文化加以融合，让该村落新生一种佛教文化的气息，再加上童一村茶文化的营造，将童一村打造为坐落于天童古刹脚下焕发自身文化气息的“茶韵佛乡”。

9.2.3　村落规划及节点提升设计

1. 打造游览空间序列环带

将童一村宝瞻公路与天童老街相互衔接，形成一条游览景观环带，将两处历史节点串联起来，游览环带北半部分以宝瞻公路两边的街道为主，街道两旁的建筑统一为童一村原有的穿斗式砖木混合结构，以王氏吉宅为中心，从两旁展开（图 9–12）。

图 9–12　游览环带示意图

2. 活化历史建筑

随着社会历史保护意识的逐渐增强，历史建筑的保护与利用在我国正呈现出快速发展的趋势。所以，童一村的三处历史建筑是规划的重中之重，王氏吉宅作为民国时期的历史建筑，通过现代的建筑修缮改造技术赋予它新的功能，将建筑重新整修，将平面功能重新整合，前后增加配套用房空间，植入新的功能，将风雨飘摇中的王氏吉宅改造为能够向游人们展示明州仙茗的茶博园（图 9–13）。

3. 重新构建步行老街

为了留住人气，让更多的游客深度体验童一村的文化特色，在改善老街环境的同时，重新打造一条具有童一村独有风格的步行街——“禅词街”。规划设计提出的“禅词街”分为八段，串联起九个空间景观，九个空间的开和关分别对应九个与禅有关的词：净心、开悟、面壁、渡缘、虚空、圆觉、无为、往返、归真。例如“净心”对应下沉的阶梯景观，让人能在深入游览童一村之前就能够让浮躁的心沉浸下来（图 9-14）。

4. 村落风貌整治

（1）建筑风格引导

在建筑修复及改造中，我们主要以砖石和原木作为主要建筑材料，用于历史建筑中原有的垂花、牛腿、花窗，作为建筑立面装饰元素，再融入木百叶、栅格窗，结构外露等方式打造童一村建筑新貌。

（2）地面铺装景观小品

对于破损泥泞道路应硬化处理，原有公路铺设水泥，步行道以青砖原木材料为主，步行健走道路以塑胶和木材铺设。对道路两侧进行绿化配置，公路两侧用竹池种植翠竹做行道景观。人文景观部分选取色彩随季节变化明显的观花型乔木，具有引导性作用，田园景观部分以色彩鲜艳树种及低矮灌木为主，辅以花卉点缀。大面积绿化以常绿的本土树种为主。

随着村落城镇化、城乡一体化的加快，如何在建设美丽乡村的工作中，充分调查研究，挖掘乡土文脉，活化保护历史建筑，打造村落特色风貌，焕发村落生机，使新农村建设规划提高科学性、更具针对性、凸显地域性仍面临巨大的挑战，这也是每个设计人员的责任和为之努力的方向（图 9-15）。

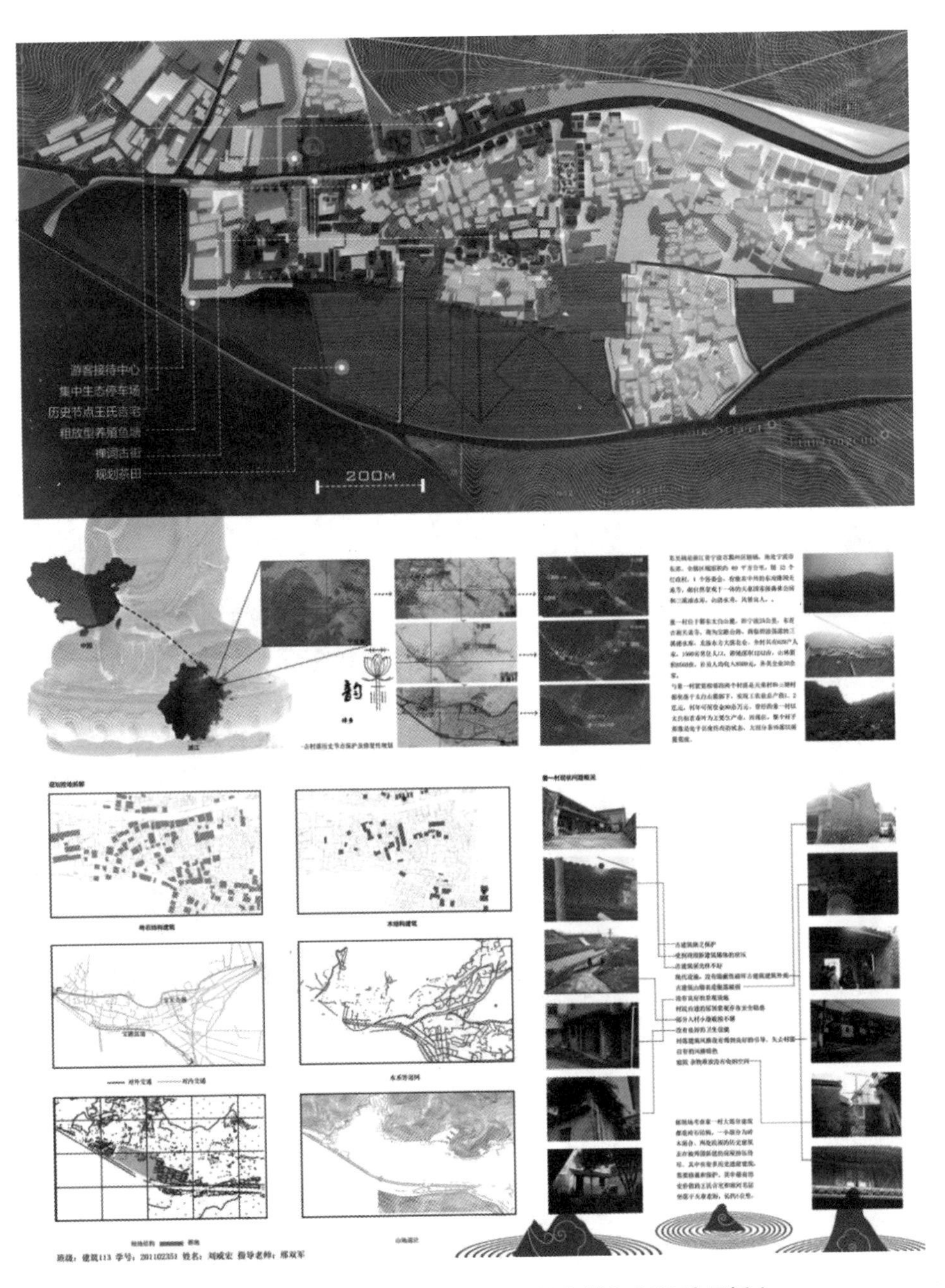

图 9-13　童一村的历史节点保护及修复性规划设计展板之一

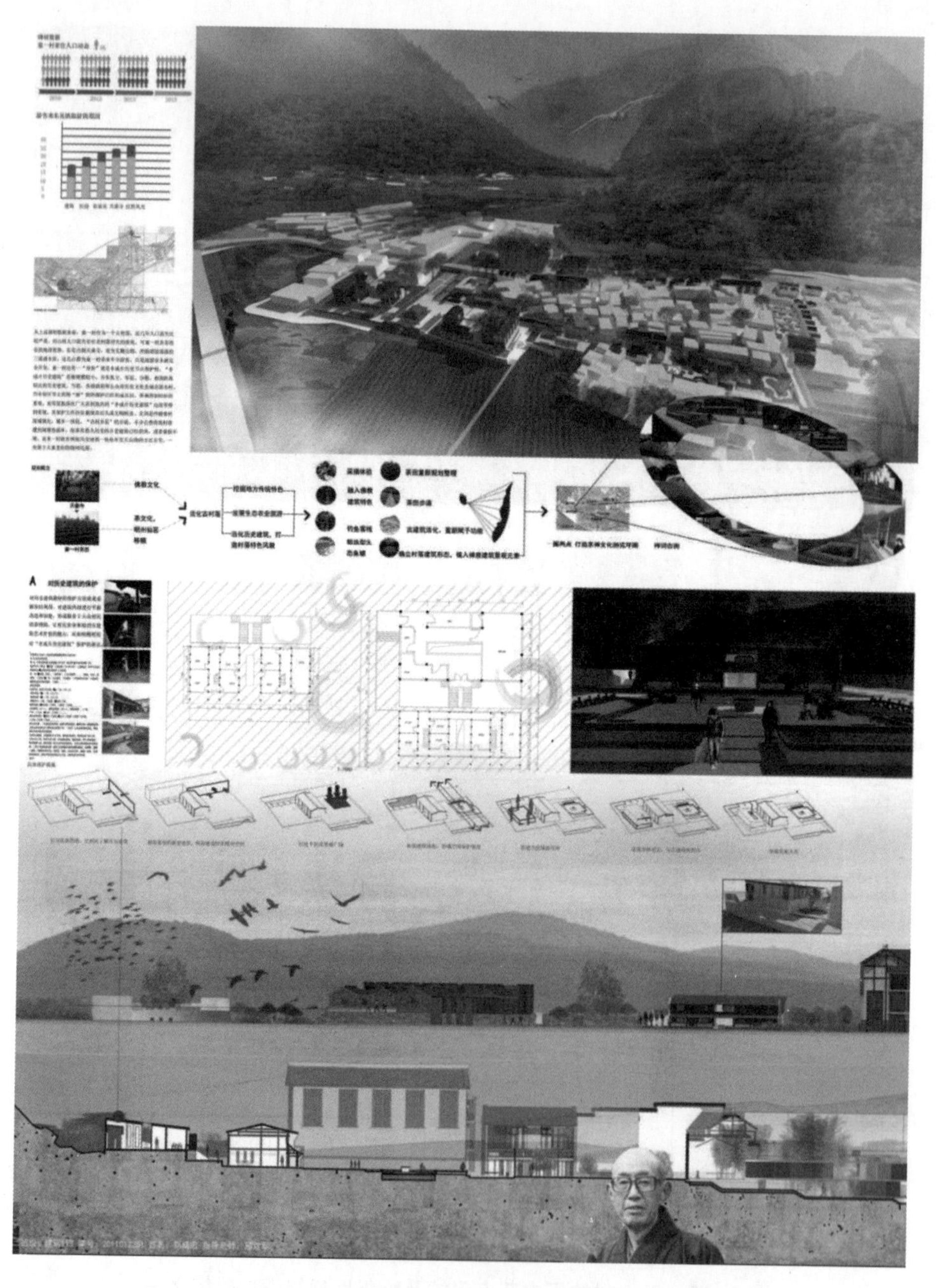

图 9–14　童一村的历史节点保护及修复性规划设计展板之二

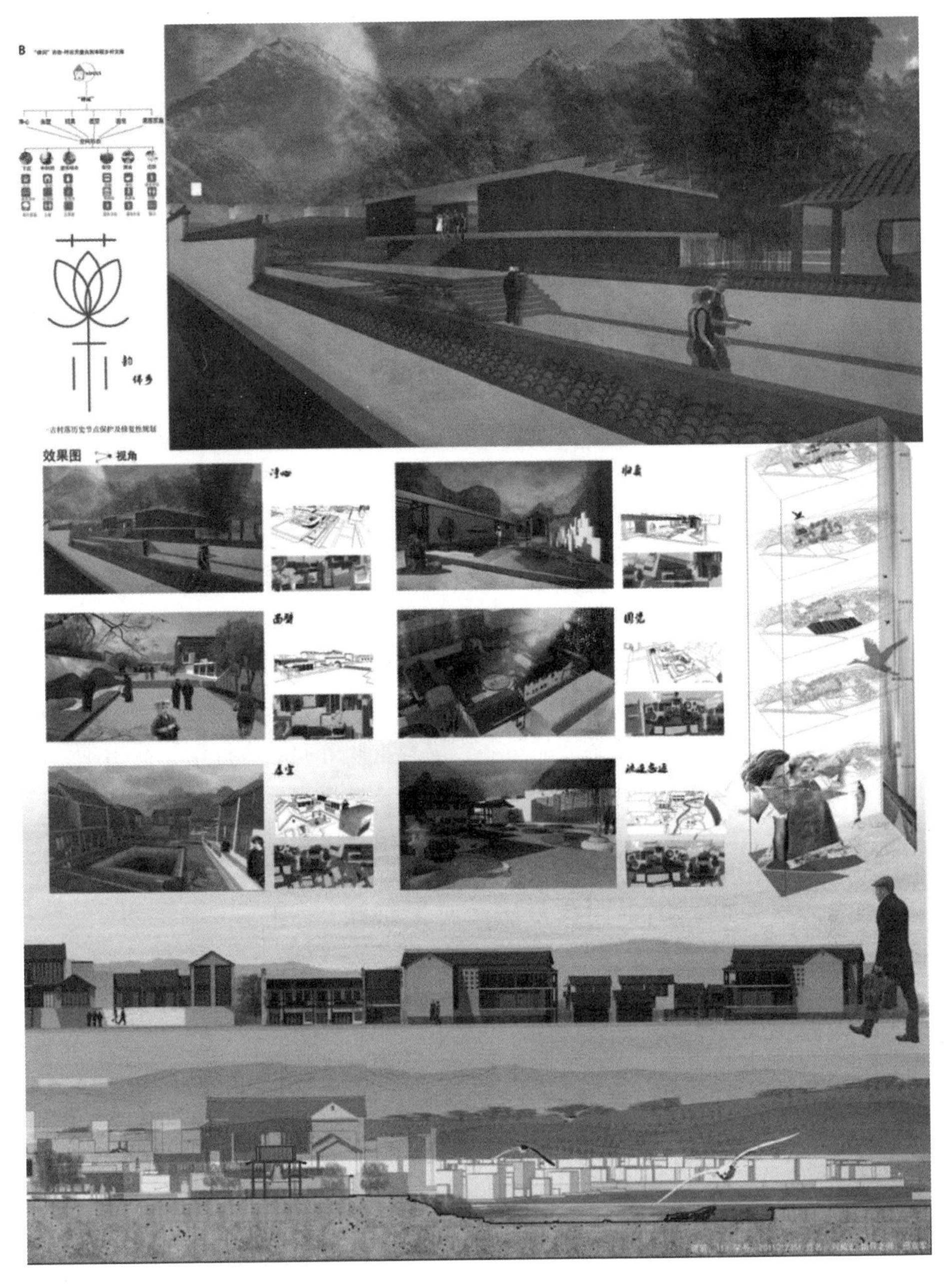

图 9-15　童一村的历史节点保护及修复性规划设计展板之三

9.3 普通乡村历史遗存与旅游开发对策研究——以三塘村为例

由于普通乡村较的名镇名村或传统村落的历史遗存资源相对贫乏，要想发展旅游业将会面临更多的困难，但也不是不可能的。

普通乡村，即名镇、名村名单之外的乡村，虽然没有成片的、丰富的历史遗存，但仍保存着零星的、有价值的历史遗存。在这些乡村中，它们以独特的风貌体现其历史文化价值，展现特定历史时期的典型风貌特色，具有很高的历史认识、情感依托、审美观赏、生态环境的利用价值。生活是传统乡村形成与发展的原动力所在，只有传统乡村居民及其真实生活才为冰冷的环境赋予了无限活力。因此，在乡村的旅游开发中，当地村民的态度和参与程度是该地旅游业发展的重要依托。现今社会，人们利用休息日去乡村旅游已经成了一种潮流。发展乡村旅游，一方面对于村落保护有着积极的作用，使人们重新认识到传统乡村的价值；另一方面也会因旅游发展而对乡村带来威胁。随着旅游业的发展，商业化氛围过浓、旅游产品单一、内容雷同等问题也逐渐暴露出来。所以，普通乡村要想发展旅游业，需要深入调研，挖掘当地特色，扬长避短，突出特色，避免千篇一律，从而走出一条自己的成功之路。

9.3.1 三塘村历史遗存及旅游开发现状

三塘村位于太白山麓天童寺东首，南面盘山弥陀寺，西边太白湖，北濒北仑港，四面环山，距离宁波市 20 余千米。全村 597 户，1 316 人，耕地 710 亩（约 0.47 平方千米）。三塘村具有天然的地理环境优势，村中风景秀丽，有数个花卉基地，而其自产的茶叶“太白云雾”也曾在宁波市鄞州区第三届名优茶评比中获得银奖。村后的太白山为此地带的最高山，登顶可眺望滔滔东海，鸟瞰宏伟的北仑港码头。其风景瑰丽不可多言。另外，因为其在天童寺脚下，所以坐拥天童寺国家森林公园，南边又有一寺庙，曰：南山寺，隐于山间，其山被评为天然氧吧。除此之外，三塘村还有太白庙会以及迎神赛会等民俗活动。

经调研三塘村的民居虽经岁月沧桑，但艺术魅力犹存。遗憾的是，并非所有的建筑都保存得很完整，有些已经破败不堪甚至难以修复，有些则是已经更新成现代建筑。但是，即使不能完好保存一个完整的具有历史价值的传统村落，也要尽所能地去修复完善混合模式下的历史建筑。

从外观上来观察三塘村的历史建筑，虽是形态各异，但总能寻找到建筑之间存在的细小联系，一个村落，必然有其发展的源头，建筑也不例外，这是一个规律，而实地考察的目标就是寻到这样的规律来为规划设计打下可行的基础。

1. 现场调查研究分析

现场调查在白天进行，范围是三塘村附近各个景点及村镇外围，调查形式为访谈、问卷形式。调查者中当地居民占 47.58%，旅客占 52.4%，另外多位游客和居民对村镇发展提供了有建设性的建议，在对三塘村村委会的采访中，了解了许多未涉及的问题，体现出当地村委会对此次社会调查的支持。问卷分析主要采用 Excel 数据图表分析法和 SWOT 分析法，问卷设计分两部分，主要针对当地居民和来访旅游者进行调研，从两者利益角度分析出三塘村旅游资源开发的切合点。

2. 三塘村居民对当地古建筑文化遗产的感知

调查显示，41% 的游客认为，三塘村的环境优美，24% 的游客对传统建筑兴趣浓厚，另外小吃与民俗也是游客比较感兴趣的地方。因此，一定程度上利用传统建筑及民俗文化吸引旅游开发具有可行性，三塘村的历史建筑、乡村文化与民俗文化等旅游资源具有较大的挖掘潜力（图 9–16）。

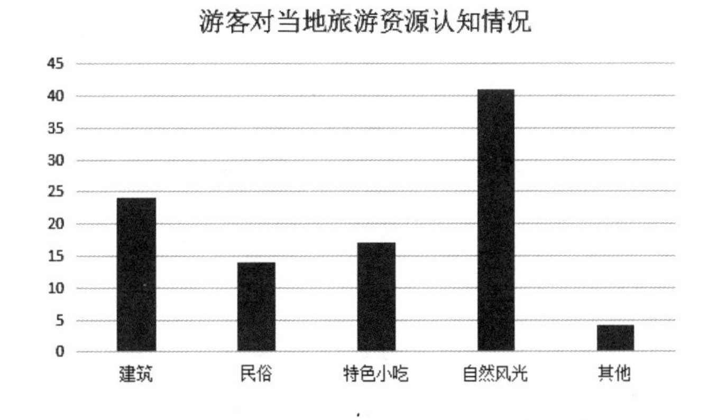

图 9–16　当地居民对当地旅游资源吸引力的认知与了解

（1）可投入性

三塘村有 69 位居民对当地旅游资源的了解与认识。首先，可以看出大多数当地居民选择了自然风光，三塘村位于太白山四周青山麓天童寺东南，南面盘山弥陀寺，西边太白湖，北濒北仑港，山水秀丽，风景宜人，“四周青山作围屏，两溪流水入鸣琴”正是古代诗人对此处的描绘（图 9–17、图 9–18）。除此之外，三塘村本就是一块风水宝地，依山傍水。三塘村一个水库的存在使整个村子空间发生了变化，丰富了空间层次。其次，选择建筑的有 27 位，这里的建筑多建于民国时期，大多数已经拆除重建，具有历史的价值不多，但也不是完全没有。古建筑的历史文化价值自然不用多说，此地遗留下来的手工艺人也有一定年岁了，当地独特的建筑构造可能正面临失传，来三塘村的大部分游客是为拜访佛教禅宗五大名刹之一，号称“东南佛国”的天童寺顺道而来的，礼忏拜佛，一睹这座千年古寺的芳容（图 9–19、图 9–20）。再次，有 50 位村民选择了历史文化与民俗，三塘村历史悠久，清代的陈寿鼎、沈煜诗一首：“千秋佳气郁葱葱，万重山抱一天童，夹岸稻花香及肩，居民犹是庆熙年”，反映出当时这一带村落的灵秀风光与历史底蕴；而天童寺周边村镇还保留着当地的民俗——太白庙会、迎神赛会，我们可以借鉴江浙地区一些成功的经验，在这上面做文章，进行挖掘与整合。最后，还有 23 位村民选择了这里的特色小吃，其实，随着时间流逝，很多当地人已经不再做这些农家特色小吃了。调查得知，天童寺其实有许多特色小吃，如烤野鸡蛋、山间野菜、咸鱼干、山间竹笋等，这些可以成为三塘村旅游开发的潜力，成为三塘村经济发展的支柱。然而，当我们在当地调研时，前往当地的道路只有一条，公交车班次少，坐车不方便，最重要的是路上没有路标，很多游客只知道天童寺，根本不知道山脚下的三塘村，这给当地来访者造成极大的不便，也很难吸引游客到三塘村参观旅游。

图 9–17　三塘村风景

图 9–18　三塘村外围风景

图 9–19　天童寺国家森林公园

图 9–20　天童禅寺万工池及照壁

（2）可居住性

村落首先是一个人居空间，它的基础功能是居住，村落的第一要素是人。村镇旅游资源开发要与新农村建设相结合，在规划上先把村民的日常生活、生产、生存、生育放在第一位，我们开发村镇的首要目的就是带动当地经济、增加村民的收入，使村民的生活越来越好。目前，国家政府和当地村委会投入了大量的人力、物力、财力来保护三塘村的原始建筑，旅游开发公司已经做过一部分规划设计，开始介入当地居民的生活，使当地居民的生活有了一定的改变。当地居民三塘村发展变化的认知饼状形如图 9–21 所示。

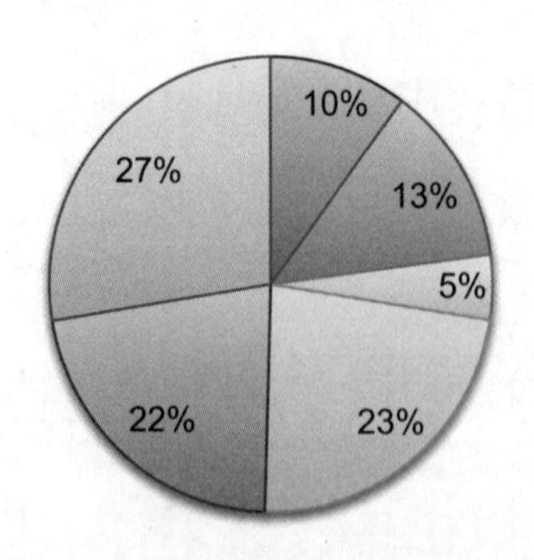

■民俗 ■生活方式 ■教育 ■交通 ■环境 ■村内建设及基础设施建设

图 9–21　当地居民对三塘村发展变化的认知

由图 9-21 可知，首先，50% 的村民认为，村内建设及基础设施建设与交通发展变化很大，村内道路全部硬化，多功能老年活动室及村民休闲场所独具特色，文化配套设施也越来越齐全；以前交通主要以步行为主，现在公交车已经通向村内。但是，在交通改善、生活方便的同时，环境质量不断下降，不仅是村民自身行为，大多数还是游客的不良行为引起的。其次，22% 的村民认为，三塘村的环境发生了变化，其中大多数村民认为，环境受到了严重的破坏。旅游业的发展，在拉动当地经济的同时，也对该村的自然环境产生了影响，当地村民的文化素质和来访者的文化素质在一定程度上影响了当地的环境保护，因此增强当地居民的文化素质和保护意识，是三塘村旅游资源可持续发展的保证。再次，23% 的村民认为，民俗和生活方式发生了变化，三塘村的经济结构从以农、林为主逐步向工业及旅游业等转变，生活方式也跟上了时代的潮流。最后，只有 5% 的村民认为，教育有所提高，但上学问题还没有得解决。

（3）生态环境保护

由图 9-22 可知，当地村委会对三塘村旅游资源开发只占到了 30%，政府高达 55%，旅游开发公司占了 15%；图 9-23 中，当地居民对三塘村的保护关注度达到 32%，政府高居 54%，旅游开发公司只占 14%。这说明政府不仅是旅游资源开发的引导者，还是村镇旅游资源开发的主力军，更是村镇资源保护的主力军。一方面，政府有雄厚的人力（专家）、物力、财力作为支撑，另一方面，政府以改善民生为己任，国家近几年也越来越重视乡村建设和美丽乡村建设。当地的村委及其领导下的村民近几年对三塘村旅游开发投入竟然超过了旅游开发公司，说明当地的村委也确实非常重视三塘村的可持续发展问题，他们是当地土生土长的农村人，这是他们祖祖辈辈、世世代代居住的家园，这是祖先留给他们的宝贵财富，当地居民对此投入与关注不能小视。而作为本身就是以盈利为主要目的的旅游开发公司，他们对三塘村旅游资源进行保护与开发，是以如何能获取最大利益为前提的。据了解，之前也有开发商来此合作过，但村民对此意见很大，非常不满意。天童—三塘的独特历史文化底蕴是支撑三塘村旅游发展的支柱，如何实现可持续发展，是新农村建设与我们这个课题研究的意义所在。

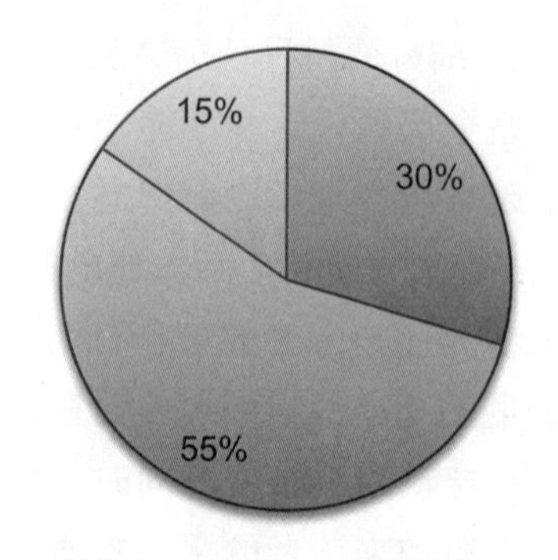

图 9-22　三塘村旅游资源投资者

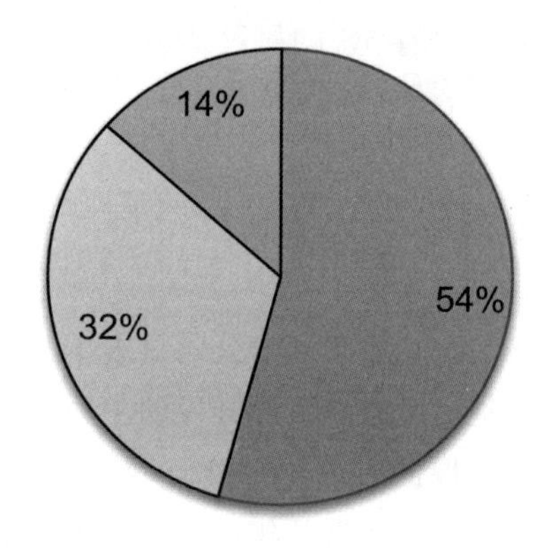

图 9-23　三塘村旅游资源保护者

3. 被访游客对三塘村旅游资源的感知

三塘村距离久负盛名的天童寺景区、天童森林公园和古驿道仅 1.2 千米，具有明显的地理位置优势，游客可以搭乘景区的顺风车到三塘村。但与天童寺景区相比，三塘村的特色认知度仅限于当地，在宁波及全国范围内来讲，无论知名度、规模和级别都非常弱，容易被忽视。因此，唯有以特色求发展，走差异化道路。

（1）游客的来源分布情况

由图 9-24 可知，游客中的 30% 是省内游客，国外游客只占 4%，其他是本地与周边地区游客。经过调查分析，交通不便、经济滞后、宣传力度不到位等因素，使国家级天童森林公园景区的旅游者多集中在省内与周边省市，对三塘村的宣传更是寥寥无几。在社会调查中，多数游客反映这里的交通条件太差。只有交通改善了，三塘村本身的历史文化与旅游资源开发挖掘后重新规划了，才能吸引更多的游客来此观光旅游，客源地也必然能延至更远的地方。调查发现，游客大多数是第一次来到这里，来此地参观多次的一般是省内游客，他们的目的只是领略当地的风土人情、建筑特色等传统村镇风貌，大部分游客来天童禅寺与三塘村就是散心、访友与工作。总而言之，回头客很少。所以，加强当地旅游资源的吸引力、丰富旅游项目、拓展旅游空间、旅游线路、增加体验深度才是根本所在。

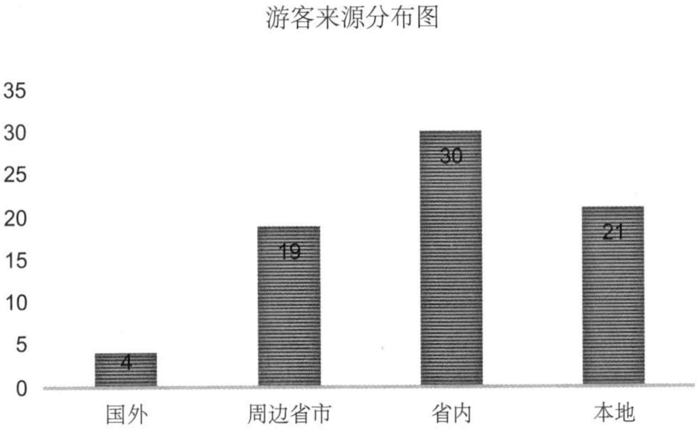

图 9–24 游客来源分布图

（2）需改进与存在的问题

由图 9–25 可知，23% 的游客认为，三塘村的饮食需要改进，当地基本上没有吃饭的地方。三塘村有特色小吃，但没有形成一定规模，因此要打造三塘村饮食文化，形成独具规模的饮食一条街。21% 的游客提出要改善当地的住宿条件，游客来此地居住的是民宿，住宿条件较差，且缺乏特色。27% 的游客认为，三塘村的交通、环境亟待改善。13% 的游客认为，旅游观光项目需要改进，如文化旅游产品开发不够，仅以同其他村镇类似的一些古民居、老房子等旅游产品作为特色。旅游项目较为单调，吸引力不够。5% 的游客认为，旅游引导设施过于单调，走马观花地游览，很难领略到江浙传统村镇历史文化。还有 7% 的游客提出了其他可改进的建议。比如，应该对特色文化加强重视，避免和其他传统村镇走雷同道路。传统村镇中的风俗民情独具一格、地方特产风味独特、古屋建筑造型奇特等都是以后大力发展的方向。最后，4% 的游客提出当地没有集中售卖特产的地方。

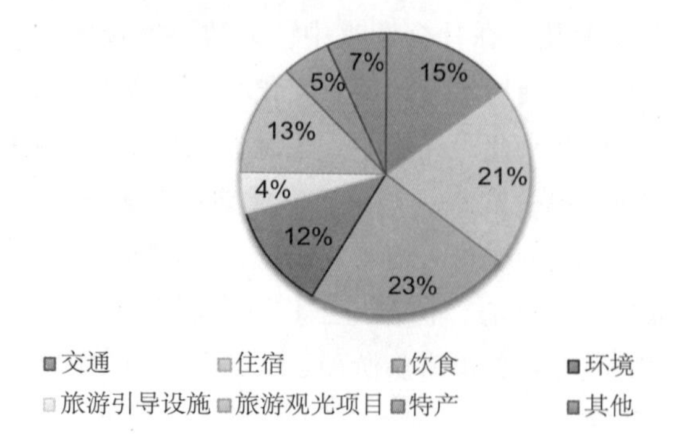

图 9–25　三塘村旅游需要改进的问题

在调查中，很多当地游客向我们提到传统村镇本是优美宜人的村庄，但由于不合理的开发，占用农民耕地，反而使村民的生活受到影响。这里旅游资源丰富，但开发不合理；服务设施跟不上乡村建设发展的步伐，远远滞后。部分游客认为应该保持乡村原貌。乡村最吸引人的是古朴的风貌，因此要保证乡村人文生态的韵味，若是过度商业化，古貌不存，商贾遍地，则失去了传统特色。

（3）选择三塘村旅游原因分析

调查显示（图 9–26），大多数游客来到三塘村游览是因为向往这里的佛教文化与古建筑，想一睹天童寺（图 9–28 ~ 图 9–30）、南山寺（图 9–31、图 9–32）古建筑和悠久的古驿道（图 9–33）的风采，领略历史文化的熏陶。19% 的游客则是冲着乡村的民俗气息而来的。三塘村的节日庆典与风俗民情吸引着广大游客，如以“孝”文化为特色的太白庙盛会热闹非凡（图 9–34）。20% 的游客是受到已来游客的好评的影响，想来欣赏一下三塘村美丽的自然景观（图 9–35、图 9–36）。

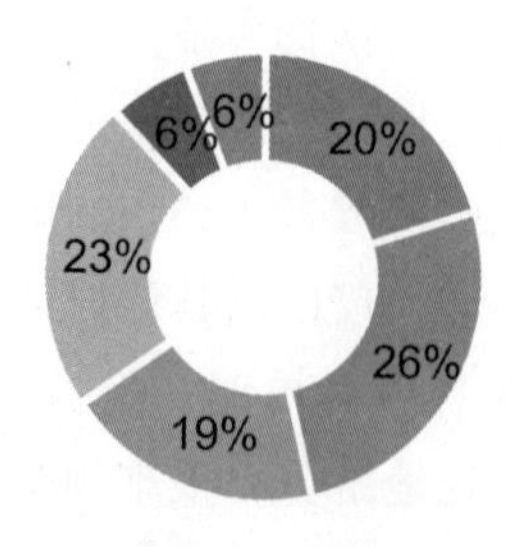

图 9–26　游客选择三塘村旅游的原因

图 9–27　天童禅寺大殿

图 9–28　天童禅寺外景

图 9–29　天童禅寺内景

图 9-30　天童禅寺内景

图 9-31　南山寺远景

图 9-32　南山寺正大殿

图 9-33　天童山古驿道

图 9-34　太白庙盛会

图 9-35　三塘村村内风景

图 9-36　三塘村天童山风景

（4）游客对三塘村旅游资源认知度概况

由图 9-37 可知，42% 的游客来此是为了领略这里的自然风光；24% 的游客是来参观这里的建筑的；还有一些受访者表示对三塘村的小吃与民俗感兴趣。这里旅游资源比较丰富，旅游产品颇具特色，旅游开发潜力很大。

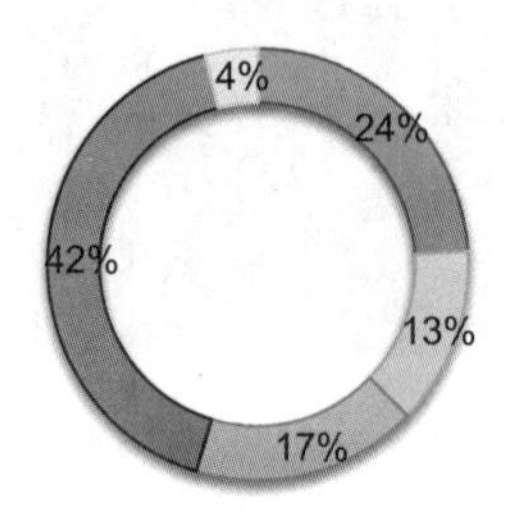

图 9-37　游客对当地旅游资源认知情况

综上所述，针对游客对三塘村的旅游资源认知情况的问卷调查及采访，结果显示，大部分游客对当地村镇的建筑特色评价较高。虽然我们到当地调研时已经过了民宿文化展示时期，也错过了他们的庙会，但通过历史资料了解到，这种活动形式在当地为民众所喜闻乐见，活动内容地域特色鲜明，在美丽乡村建设、生态产业化过程中具有很大的发展潜力。

在对游客意向提问中，大多数游客表示若有节庆活动愿意来此参观旅游。游玩过三塘村，部分游客对这里的风味小吃也很满意，香喷喷的土鸡、野菜、竹笋汤、烤野鸡蛋等特色小吃都值得品尝。三塘村四面环山，自然风光优美，大多数游客对此地的自然风光评价很高。

（5）三塘村态势分析（SWOT）分析

SWOT 分析法又称为态势分析法，它是由美国旧金山大学的管理学教授韦里克于 20 世纪 80 年代初提出来的，SWOT 四个英文字母分别代表优势（Strength）、劣势（Weakness）、机会（Opportunity）、威胁（Threat）。所谓 SWOT 分析，即态势分析，就是将与研究对象密切相关的各种主要内部优势、劣势、机会和威胁等，通过调查列举出来，并依照矩阵形式排列，然后用系统分析的思想，把各种因素组合起来加以分析，从中得出一系列结论，而结论通常带有一定的决策性。

优势：当地旅游资源丰富，周边旅游市场前景广阔，靠近国家级天童森林公园等著名风景区，可联合促销，开发新的旅游线路，丰富旅游项目，延长游客逗留时间，促进当地旅游和经济发展。

劣势：当地交通不便，只有一条进村的路，对长远的旅游发展相当不利；文化价值保护的意识不强，村民的个人素质不高，导致当地旅游资源已有了一定程度的破坏，村民和旅游者互动较少。

机会：国家重视传统村镇保护，也制定了许多新的政策，响应中央，浙江省开始针对物质文化遗产的重点单位和地区投入资金支持和保护，新农村建设的开展给当地经济和旅游发展带来了新的契机。

威胁：古村落忌过度开发，保护要留住根与魂，现代化的发展对当地的历史文化造成一定程度的冲击，居民和旅游者的摩擦加剧。

通过以上的调查分析，得出对三塘村旅游资源开发的总体认识和相关结论。

9.3.2　三塘村旅游开发中存在的问题

1. 发展问题

通过调研分析，三塘村旅游开发过程中存在的问题主要表现在就餐环境、住宿条件、交通环境、旅游产品等方面。

就餐环境需要改进。打造三塘村饮食文化，形成独具规模的饮食一条街，是规划时需重点解决的问题。

住宿条件需要提升。当地住宿基本上是民宿，住宿条件较差，不能满足游客怀古求异的心理需求，且未能体现当地乡村特色，需改善提升，跟上时代的步伐。

村镇的餐饮特色不突出，应开设农家乐（图 9-38），设计布置完全不能满足游客怀古求异的心理需求。文化气息不浓厚，未能体现当地特色，需大力挖掘与整合。

图 9–38　三塘村农家乐现状

交通不是很便利，公交车班次少，旅游引导设施不足，三塘村入口没有醒目的标志，游客难以注意该村；停车场面积太小，游客汽车乱停乱放，不能满足实际需求（图 9–39）。

图 9–39　乱停车辆

旅游产品需要丰富内涵和树立精品意识。文化旅游产品开发不够，旅游项目较为单调，吸引力不足。旅游资源硬件设施不够完善，文字资料和导游讲解涉及的历史文化传说、建筑艺术风格、民俗文化底蕴极少，游客对旅游路线观光需求无法满足。

旅游游览项目单调，主要是参观天童禅寺、天童森林公园、南山寺、乡村氧吧，且没有导游讲解，乡村旅游体验参与性活动项目尚需开发。

村民整体文化意识不强，对本村的文化价值和旅游资源认识不足，优秀的历史建筑文化内涵没有得到充分挖掘，旅游产品的“含金量”和文化品位尚需提高。

另外，当地建筑新旧混杂，有些新式的公共建筑与民居破坏了整个村落的建筑风格与色调和谐。新旧建筑混杂，影响整个村落的整体布局、风格统一与外立面视觉审美效果（图 9-40、图 9-41）。

图 9-40　三塘村现存新建民居

图 9-41　三塘村现存民居

2. 保护问题

（1）法律保护上的困难

法律保护上的困难是“非成片历史建筑”保护中存在的共性问题。中国至今仍未对普通乡村“非成片历史建筑”制定专门保护性的法律法规，只是针对一些含有历史文化遗存显著的成片的乡村有一定的保护，国外历史建筑保护工作起步较早的一些国家的先进经验值得我们借鉴。没有法律的有力支持，往往在实际工作中得不到重视，也不利于当地居民保护意识的形成，导致“非成片历史建筑”保护对乡村建设发展显得可有可无。

（2）现代风貌覆盖

随着经济社会的快速发展，乡村传统风貌也随之改变。居民追求现代生活方式的同时给乡村带来了现代化的生活设备、材料等，民房也开始由水泥、红砖等新型建材筑造，传统风味中穿插着现代的风貌，严重破坏了当地传统的地域文化。另外，现代化生活带来的空调机、太阳能热水器、水箱等设备毫无顾忌地充斥在房屋的立面、屋顶，在视觉美观效果上造成了一定的负面影响。生活方式的改变也是影响地域风貌的因素之一。现代生活在不知不觉中破坏着三塘村的古色古香。

（3）人口减少

人是文化传承的载体，是文化发展的动力。城市无疑是众多年轻人向往的生活地，因此三塘村的年轻人口不断向城市涌入，致使村落人口锐减，缺少活力。人群稀疏的村落失去了发展的动力条件，缺乏活力和生机。

（4）村民保护意识薄弱

村民不具备判别历史建筑的专业能力，更难以做到从历史价值、艺术价值、科学价值和使用价值等方面去诠释、感受、宣传乡村历史建筑的文化内涵，故对房屋缺乏保护意识。随着对现代生活方式的向往，多数人选择肆意改造房屋，或者将其用于养鸡养鸭等其他用途，实现了表面的价值却破坏了本身具有的文化内涵及其历史价值。

（5）村落风貌特色受损

因自然侵袭和人为原因，建筑构件、装饰构件等出现了局部破坏与腐蚀现象。在修缮的过程中，资金缺乏、缺少专业修复方案指导等导致历史建筑的原始风貌正在遭到损坏乃至消失，正是这种个人利益诉求膨胀意识下的行为，使三塘村的整体乡村风貌走向衰落。社会在发展，居民在跟随时代潮流的过程中，一些现代建筑的兴起无疑是村落风貌受到冲击的必然原因，也是历史建筑保护和村落风貌特色矛盾之处。

9.3.3 物质文化、非物质文化及旅游开发类型思考

1.物质文化

传统村镇物质文化体现在多个方面，对于有历史价值的古建筑，应实现

它的活化保护，使这些历史遗存“自给自足”，使古村落建筑成为人们学习江浙文化历史的实体“教科书”。保护并非不可使用，它们仍然可以担负着建筑最基本的功能，为人们提供休闲娱乐学习的场所，否则这些历史遗存将成为社会的负担，资金投入得不到相应的回报，拆除是它们最终的结局。因此，在对这些历史遗存保护开发过程中，可以对其原有的功能进行改造，在空间上进行重新组合，使保护与利用并存。“活化保护”不仅可以解决保护的资金问题，也可以给开发投资商带来一定的经济效益。

2. 非物质文化

非物质文化是传统村镇的灵魂。传统村镇是非物质文化的物质载体，非物质文化不能脱离传统村镇，否则就会渐渐失传或者使传统村镇失去灵气，两者缺一不可。非物质文化主要表现在以下几方面。

（1）艺术

经过朝代的更替、历史的洗礼，当地的建筑、石雕、木雕、砖雕、木结构等艺术表现形式具有浓厚的江浙特色。雕刻艺术是传统艺术的代表，见证着当地的历史沧桑。通过实地调研发现，当地对这种传统艺术的保护工作做得并不完善，且面临着失传，走访中打听到健在的手工艺人为数不多，当地人并没有意识到这些传统艺术的价值，一些工艺逐渐后继无人。雕刻艺术是一门具有浓厚地方特色的传统艺术，虽然政府已经认识到其价值，但当地年轻人却忽视了这些价值，不得不说非常可惜。

（2）民俗

在传统村镇发展历程中，往往能形成极具特色的人文习惯和传统风俗。古村落因人而生，由人发展。绝不能任由民间艺术风俗继续消亡。据对游客的调查统计，超过 42% 的游客认可三塘村的民俗气息与村镇文化的魅力。

3. 三塘村旅游开发类型思考

随着中国旅游业的蓬勃发展，传统村镇作为独特的景观与人文情怀的结合体，受到越来越多旅游者的青睐与追捧，在国家 5A 级旅游景区中，多家传统村落依托型的旅游景区不断建立起来。村镇旅游从不同角度有不同的分法，在此按照旅游开发现状可分为旅游景区带动型、农家乐型、度假村（区）型、休闲养生型四种类型。实际上这四种乡村旅游类型并不是截然分开的，而是根据资源和市场有机组合，有所侧重，通过合理的规划组织，形成整体性的旅游产品。

通过实地调研发现，三塘村属于以旅游景区为主、农家乐为辅的结合型。

依托村镇周边知名的山水资源、自然景观与历史古建筑等，带动周边的乡村。一批位于大城市郊区、交通可达性良好、生态环境优良的古村落，以旅游景区为主、农家乐为辅的旅游开发模式，吸引大城市居民到乡村休闲。通过为游客提供餐饮和住宿来获得收益，结合丰富的特色参与性活动、特殊节日的民俗节庆活动、田园旅游项目等使游客乐在其中，流连忘返。同时，能增加村民的收入，实现传统村镇活化保护。

9.3.4 三塘村旅游资源开发定位与对策

1. 三塘村旅游资源开发定位

三塘村旅游定位是以自然景观、历史建筑、传统民居等观光旅游为主，以传统民俗文化活动等非物质文化体验为辅。深度挖掘当地历史文化遗产是区别其他乡村、凸显当地特色的重中之重。

历史遗产包含物质与非物质文化遗产。非物质文化遗产是传统乡村的灵魂，物质文化遗产是非物质文化遗产的重要载体。

（1）物质文化遗产

三塘村经过历史的洗礼，物质文化遗产主要突出体现在建筑技术、空间场所、砖雕、木雕、墙绘等技艺表现形式上（图 9-42）。目前保存比较完好的主要有顺娘庙和陈氏宗祠。

（a）民居楼梯扶手木雕　（b）民居结构木雕　（c）天童寺排水石雕

（d）顺娘庙大殿内地面砖雕　（e）顺娘庙墙绘　（f）三塘村民居木结构

图 9-42　物质文化遗产

①陈氏宗祠（图 9-43 ~ 图 9-52）位于上三塘，建筑年代为民国。修复情况为现已修复改造为其他用处。陈氏宗祠是现代重要历史遗迹建筑，具有一定

的历史文化价值，其主要结构是砖木结构。另外，上三塘陈氏宗祠堂名“雨钞堂”，根据建筑风格判断为清末民国初期建筑，主体坐北朝南，原由前后两进、左右厢构成，现仅大殿保留为原建筑，其他已新建。大殿面阔五开间，明间抬梁前双、后单步，明间抬梁、梁枋上施蝴蝶梁。檐廊施卷棚，牛腿雕像鼻头，下施雀替，平底浮雕石榴、佛手等花卉纹饰。东侧有三塘陈氏世系简谱石碑一块。

（a）

（b）

（c）

(d)

图 9-43　陈氏宗祠

图 9-44 脊首

图 9-45　陈氏宗祠入口

图 9-46　石碑

图 9-47　　柱墩

图 9-48　瓦

图 9-49　牌匾

图 9-50　陈氏宗祠室内

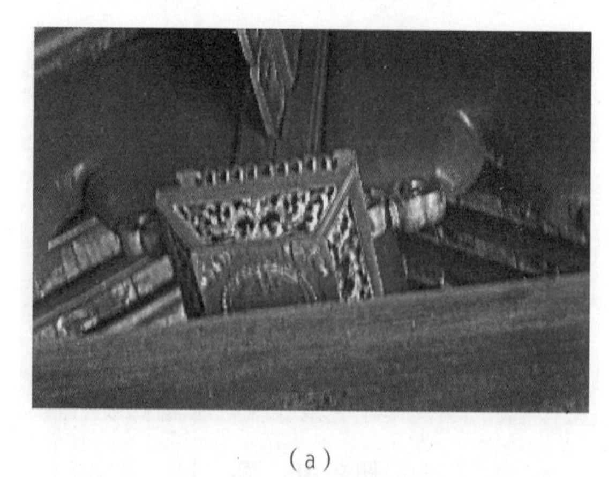

（a）

（b）

图 9–51　细部装饰

图 9–52　屋檐

②顺娘庙（图 9–53 ~ 图 9–67）位于下三塘村，是民国建筑，现已修复并被改造利用。顺娘庙是庙宇类建筑，具有一定的历史文化价值，建筑结构为砖木建筑。顺娘庙位于东吴镇三塘村下三塘自然村曹家 11 号，建于 1930 年，主体坐北朝南，原为前后两进、两厢和天井戏台组成的硬山顶建筑，用于祭祀唐代孝子杜雍的母亲。1995 年为建村大会堂，其大部分被拆除，目前只保留大殿一进。

顺娘庙主要祭祀唐代孝子杜雍的母亲，根据民国《象山县志 · 唐代人物传》首篇记载，杜雍生于唐咸通元年（860 年），途遇强盗，负母抱子逃到天童太白山麓，紧急间不得已置子于路旁岩石上，待将老母掩藏于山洞中，儿子却已遭虎狼所害，悲伤之余，遂隐此躬耕奉母。

大殿为单檐高平屋，面阔五开间，明间抬梁结构，五架梁，前后单步，次梢间用中柱，穿斗结构。该大殿于 1995 年重修，另建围墙。大殿明间复置神龛，与次间互通，梢间另有分隔墙。殿檐廊轩已毁，月梁、牛腿、雀替雕有凤凰、狮子、人物等图案，但人物脸部被凿。

（a）

（b）

（c）

图 9-53 顺娘庙正殿

图 9-54　周边残墙断壁

图 9-55　围墙大门

图 9-56　大殿入口通往次间的门

图 9-57　窗

图 9–58　围墙

图 9–59　室内顶棚

图 9–60　顺娘庙室内

图 9-61　木雕

图 9-62　香炉

（a）

（b）

图 9-63　壁画

图 9-64　柱础

图 9-65　屋脊装饰

图 9-66　顺娘庙木结构及雕刻艺术

图 9-67　顺娘庙入口

（2）非物质文化遗产

三塘村的非物质文化遗产主要体现在民俗文化活动上。

每年农历九月十六日的“太白庙天童镴会”在当地非常有名，于 2014 年 5 月被列入鄞州区非物质文化遗产名录。太白庙镴会虽然规模不大，但有其特点，一半以上会器均系镴制，一次置办长期可用，并且花色多，端庄大方，还有纸会相伴，如纱船、抬阁、狮子、白象、莲灯、高跷等，两种会器间隔排列，有形、有声、有色，甚是好看（图 9-68、图 9-69）。和以往的隆重比起来，如今的太白庙会显然有些落寞，但仍被当地村民津津乐道。游客对三塘村的民俗气息与村镇文化还是非常认可的。

庙会活动以太白庙为中心，兼及祖孙三代，庙神出殿巡游时，先相亲后相子，有会有戏，戏演四日四夜，行会一天一夜，尤其从下半夜行会到天亮，此种赛夜会在鄞州区少有。

（a）

（b）

（c）

图 9-68　太白庙会盛况

图 9-69　太白庙会风俗表演

庙会活动目的地一头是杜雍母亲的庙宇——顺娘庙，一头则是杜雍放儿子的大岩石——相子岩，两头相距约 8 千米，人们抬着杜孝子去拜见老母和祭奠儿子，以期国泰民安、家和子孝。其传承的孝道文化影响着当地一代又一代的人，体现了民俗对人的教育意义。《鄞县故事歌谣谚语卷》中对太白庙镴会有所记载，如图 9-70 所示。

(a)

天　童　寺

相传，一千七百多年前，有个后生，名叫义兴，贫穷过日子，但生意交关坏，三日倒有四日饿肚皮。

有一年夏天，他贫困到东谷，走进山谷，人凉爽起来，一看，这地方四面是青山，还有一条小溪坑。义兴看看是个好地方，就在这里住了下来，出家修身当和尚。

义兴住下来，种种桃，种种菜，空落功夫就坐在草庵前念经。念啊，念啊，头发念白了，义兴由一个年轻后生变成了白发老头。有一天，玉皇大帝带着太白金星在天上巡游，巡过东谷时，看见从地面射上一道金光，往下一看，原来是一个老和尚坐在庵前修行。玉皇大帝知道，如果有人服侍他，定能干出一番大事来。玉皇大帝交关同情，就派太白金星下凡，服侍老和尚。

太白金星就化了一个十四、五岁的童子，每日为老和尚送菜送饭。义兴和尚看看这个童子乖聪勤力，就收他为徒弟。

这年头，正好司马昭做皇帝。皇帝相信佛教，想拜一个得道高僧为师。但到处寻不到，皇帝为此事闷闷不乐。

有一天夜里，皇帝在梦里看见一个十四、五岁的童子对他说："东南方向，有一个小茅庵，庵里住着一个老和尚和一个小和尚。这个老和尚就是你要拜的高僧。"

皇帝蛮相信。第二天，马上动身朝东南方向寻来。一寻寻到东谷，果然有一个小庵，庵里老和尚工工整整坐在草庵前念佛，

・2・

(b)

皇帝当即拜老和尚为师。

这天中午，皇帝要离开草庵，老和尚送皇帝下山。这时童子站在庵前大声地喊师父吃饭。皇帝回头一看，吃了一惊。原来站在庵前的这个童子和梦中的一模一样，连声音也相同。心里想，这难道是天意安排的吗？我何不趁机将寺院造起来。

回到京城，皇帝就下了一道圣旨，要在东谷建造寺院。

过了几年，童子看看寺院已经造好，老和尚也有人服侍了，就对老和尚说："师父，我准备走了。"

"你辛苦了好几年，如今寺院也快造成，你为何要走？"

童子也只得从实说了："我本是太白金星，是奉玉皇大帝之命来服侍你，现在你已有人服侍了，我也可走了。"说着童子就不见了。

义兴和尚为了纪念这个神童，就把造好的寺院取名为"天童寺"。

讲述者：圣明　男　74岁　文盲　天童寺和尚
记录者：王逸明　男　28岁　高中　天童乡文化站干部
　　　　周云華　男　45岁　教师　天童乡成教办干部
1987年5月28日采录于天童寺。

・3・

(c)

镇　蟒　塔

天童寺前有个小白岭，小白岭上有座白塔，叫镇蟒塔。说起镇蟒塔还有一段神奇的传说呢。

相传在唐朝会昌年间，小白岭上柴草要比人长得高三分。凡是到天童寺去的过往行人和香客，走过一条高耸耸的山岭时，常常被一阵狂风卷走，霎时间人影不见。天长地久，大家传说纷纭。有的说是小白岭跑出了一只吊睛白额的大老虎，见人就吃；有的说是"眼睛象灯笼、头似七石缸、尾巴象米缸"的大蟒蛇，见人就吞。从此小白岭竟然断了行人，天童寺断了香火。

这件事一传二传，传到了当时天童寺方丈心镜法师的耳朵里。心镜和尚神通广、法道大，他立即起身，带了五名小和尚来到小白岭上。只见岭上有个阴森森、黑糊糊的大石洞，往洞里一看，吓人啊，只见石洞中骷髅成堆，白骨似山。正在探望之间，忽然一阵狂风袭来，山岗上有一条火舌滚滚，张着血盆大口的大蟒蛇，直向心镜师徒扑来。说时迟，那时快，心镜法师擦起禅杖，往血口里一插，痛得那条蟒蛇满地翻滚。大蛇吃了一杖后滚得山坡上的大树劈啪断折，岗头上石岩碾平，搅得飞沙走石，烟雾腾腾。这条大蛇吃了结结棍棍这一杖后，定睛一看，懂得来者非同凡人，就连忙化作一个红颜白须的童子，下跪求救："师父饶命！"心镜法师训斥道："大胆孽畜，你理该修炼得道，以成正果，因何伤害生灵，为非作歹？"大蛇装出一副可怜相，还流着眼泪求道："我常在山中修炼，只因饥

・4・

(d)

天童太白庙镴会

天童乡有庙两座，天童街有"太白庙"，祀神唐孝子杜豫；三塘头有"神娘庙"，祀神杜豫之母。太白庙每年农历九月半举办庙会，进行迎神赛会，二庙因母子关系共举迎赛，最显热闹。

太白庙庙会虽然规模不大，但有其特点，一半以上会器均系镴制，一次置办长期可用，而且花色多，端壮大方，尚有纸会相伴，纱船、抬阁、狮子、白象、莲灯、茶担……，两种会器间隔排列，有形、有声、有色，煞是好看。

庙会活动以太白庙为中心，兼及祖、孙三代，庙神出殿巡游时，先相亲后相子，有会有戏，戏演双日四夜，行会一天一夜，尤其从下半夜行会到天亮，此种赛夜会，鄞县所少有。

天童街九月半庙会历三百余年而不衰，直至解放前夕，庙会终止，镴会解体。1952 年为庆祝土地改革胜利完成，重新赛会一次，后因镴制会器被毁而消失。

天童乡地处鄞县东部，太白山麓西麓，四面群山环绕，是个狭长的山谷盆地。东山有天童寺，西山有少白岭，岭墩有少白塔，盆地中间为天童街，街上分东、西两村，东村的清水潭侧有座太白庙；天童寺旁有三塘村，下三塘有座神娘庙；少白岭下有个古迹，名曰"相子岩"，二者一起附会一个古老的传说。

[illegible]

・144・

(e)

岩石上，供母息于岩洞，待回抱其子已遭不幸，此事惊动乡里，后杜豫居天童街清水潭侧，躬耕以养母。杜豫，人感其孝，于狮子口([illegible])立小庙奉祀。

明崇祯年间(1628—1644 年)，里人徐东皋官居御史，因乡村庙祭涉水过溪不便，联络蔡、王、徐、谢、应五姓，迁溪南小庙建于溪北清水潭侧，命名太白庙，厢宇三进，气势恢宏。据传，因庙神解救御史有功，被朝廷敕封侯王。此后，三塘头建神娘庙，奉祀杜豫之母。又命名太白庙庙神夹子的大石岩为相子岩。太白庙立农历正月为灯会、九月半为庙会。旧时太白庙举行庙会时，先去神娘庙省亲，后去相子岩相子，灯会、庙会相当热闹。

太白庙建于明朝，清嘉庆二年重修，咸丰六年改建。解放后被县文管会定为乡级文物保护对象，1987 年由天童村修理，作为清朝古建筑物保存。

太白庙，有蔡、王、徐、谢、应五姓，庙会设柱首会，会有五柱组成，设总柱首负责柱首会议，总柱首三年一次公推，推选有威望、有办事能力的人担任。柱首会议决正月灯会和九月半庙会等事宜。各柱首除参加议事外，尚有在柱贯彻决议、赛会准备、指挥社内行会队伍之责。乡村庙会又有各社轮流当办。

太白庙庙会共有 8 个社，东村有庆云社、众姓社；西村有管宜社、东升社、乡进社；石仓岙有庆丰社；上三塘有福胜社；下三塘有同仁社。每社均有样样会器。

"会"是附属在社下的基层单位，会由社统一编排会队参加赛会。[illegible]

・145・

(f)

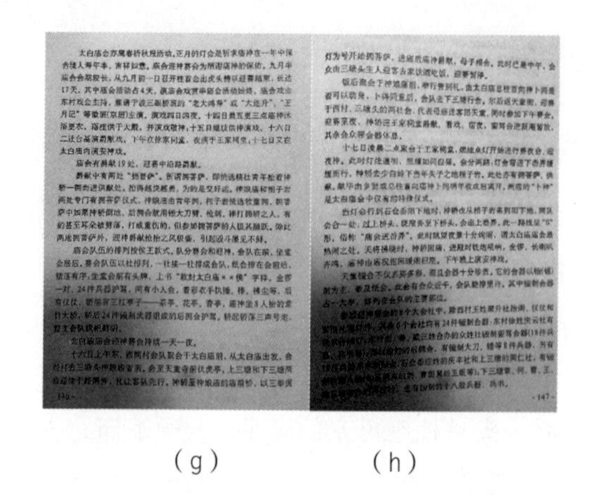

（g）　　　（h）

图 9–70　《鄞县故事歌谣谚语卷》中对太白庙镴会的记载

2. 三塘村旅游资源开发对策

（1）发展“乡村游”，加快基础设施建设、改善环境

基础设施是乡村旅游发展必要的物质条件。建设“美丽乡村”，旅游资源开发与乡村建设相结合，重视旅游基础设施建设，特别是环境治理。基础设施建设的目的是为旅游资源开发提供良好条件，更重要的是改善村民生活环境，因此应该作为村镇旅游开发中的大事来抓。在加快建设和改善三塘村旅游基础设施的同时，应开展环境治理，努力实现“村景共生”，使景点与村镇共同发展、共同繁荣。

（2）提高“含金量”，深度挖掘物质与非物质文化资源

如果说山川草木是传统乡村的第一风景，那么建筑就是第二风景。因此，对顺娘庙、陈氏祠堂进行保护，将其作为特色旅游资源，充分展示建筑文化的艺术之美、技术之美和实用之美，可以满足游客对传统建筑的审美需求。同时，以“太白庙天童镴会”等民俗文化活动为平台，提高知名度，扩大影响力，充分展现传统民俗乡村文化魅力。通过物质与非物质文化两手抓，提高旅游产品的“含金量”。

（3）引入“大景区”，联合打造天童与三塘乡村旅游经济圈

三塘村位于太白山麓天童寺东边，紧邻国家级天童森林公园。天童寺久负盛名，每年有大量的游客来此参观。三塘村位于天童寺东边 1.2 千米以内，交通便利，地理位置十分优越。引入“大景区”概念，以天童寺和天童森林公园的佛教禅宗文化与自然生态为核心区，以三塘村的传统建筑与民俗文化为休闲体验区，形成 15 分钟徒步旅游经济圈，将天童寺与三塘村整合成一条旅游

精品线路，相互借力，发挥各自优势，给三塘村旅游经济注入活力。

随着我国法定小假期的增加，“一日游、三日游”等短途旅行的发展前景越来越好。三塘村主要客源来自本地与省内，若开发新的旅游路线，可以吸引更多的游客，将三塘村、天童寺与天童森林公园整合成一条路线，为游客展现不同的历史文化。

一个地区靠单个旅游点独自的力量难以形成强有力的竞争优势和品牌优势。因此，加入特色乡村旅游项目，打造天童与三塘旅游精品品牌至关重要。

9.3.5 三塘村旅游开发规划设计与节点提升方案

1. 三塘村旅游规划理念

“大景区”和“村景共生”理念的提出使三塘村的旅游开发规划设计有了较为清晰的宏观思路。“大景区”旨在打造以天童寺、天童森林公园的佛文化、自然生态为核心区，以三塘村的传统建筑与民俗文化为休闲体验区的旅游经济圈，带动当地乡村旅游经济的发展。“村景共生”旨在让乡村与景区互利共生。

传统村镇的旅游吸引力是形态与内涵的统一。形态包括山水格局、村庄形态、民居建筑、细部装饰等；村镇文化的内涵主要是指这些物质空间所表达出的象征性含义，以及以此为依托的宗教礼制、人文典故、民风民俗等。从某种意义上说，传统村镇旅游的资源就是村镇本身，游客到传统村镇旅游为的是寻求一种全新的、深层次的文化体验，因此应更加关注他们所看到的、听到的是否“原汁原味”。三塘村的保护是一个多层面的综合规划，涉及保护、恢复、改造、创造等过程，并且在每一个层面都将与旅游发展和村民生活相结合。

2. 三塘村修复规划设计

（1）宏观规划改造

三塘村规划设计主要分为四大功能分区（图 9-71）：一是景区配套设施的规划设计，在原有建筑的基础上改建、扩建，增加茶楼与民宿，改善游客食宿条件；二是历史建筑的保护规划设计，以修复、改建为主，在空间环境上凸显历史建筑的地位，赋予其新的内涵，增加其对游客的吸引力；三是建设公共服务设施；四是修缮整治村内原有民居。

在宏观整体乡村规划中，三塘村现存着一些有历史文化价值的建筑，所以主要是在原有基础上改建与扩建。具体来说，对三塘村 13 个地点进行了改动，特别是入口处的景观设计，增加了醒目的牌楼，标明了三塘村的位置，以吸引人流。在路线上，有针对性地分为乡村田园观光、乡村参与体验观光和物质文化遗址观光三种游览线路（图 9–72、图 9–73），用以丰富旅游项目，拓展旅游空间，延长游客逗留时间。对于村里的田地，针对旅游开发进行了规划设计（图 9–74），增加了花卉与茶树种植，不仅美化了环境，增加了村民收入，还丰富了旅游项目，促进了当地经济的发展。

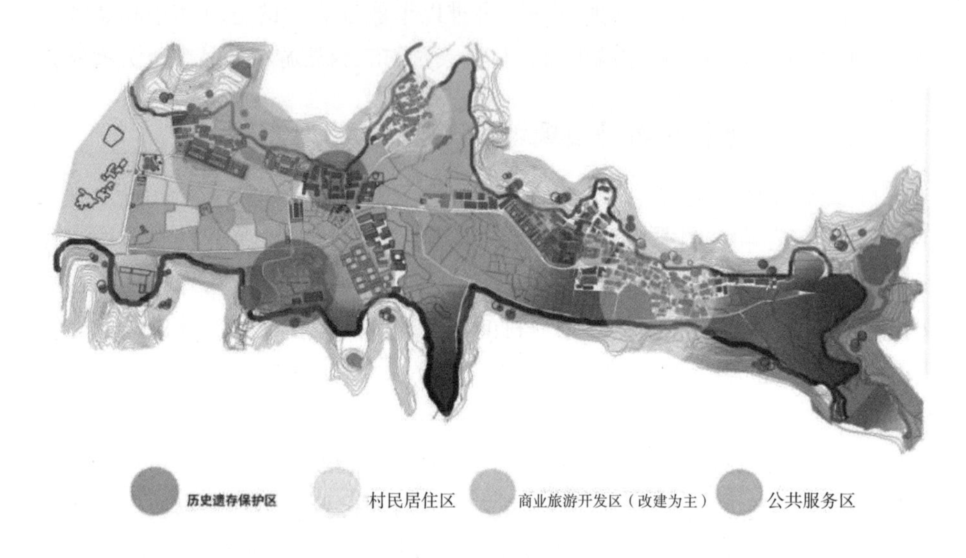

图 9–71　功能分区图

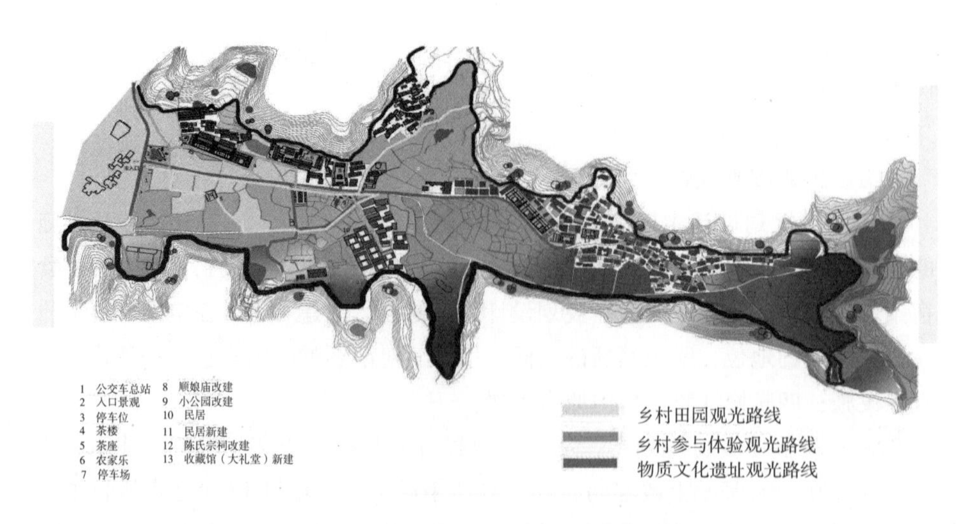

图 9–72　三塘村规划改造后游览路线示意图

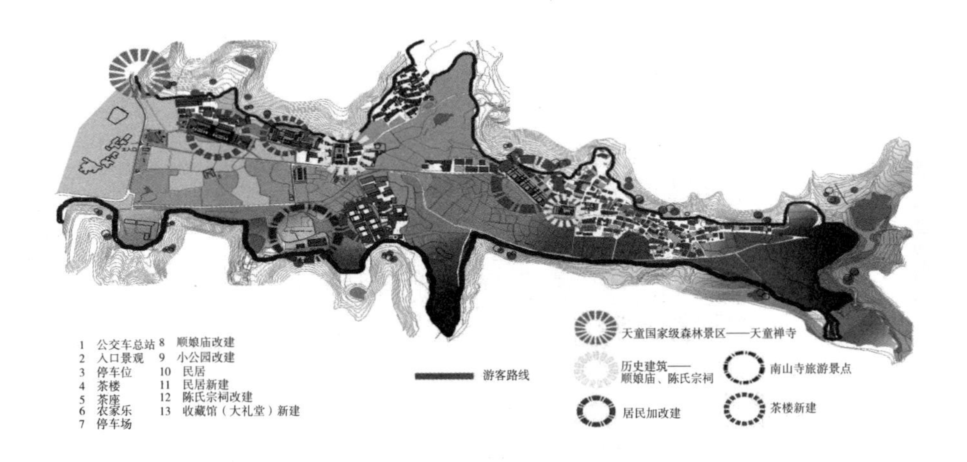

图 9-73　参观节点分析图

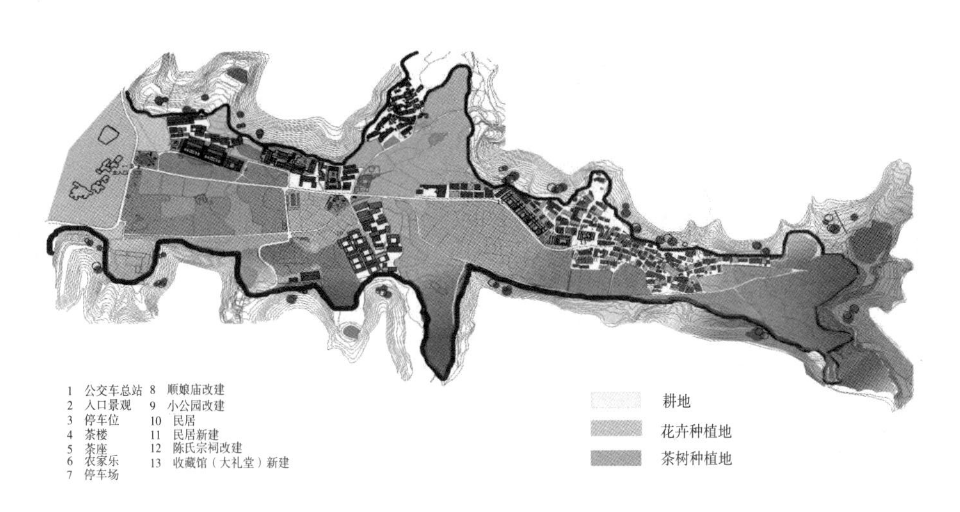

图 9-74　三塘村田地使用状况规划

（2）农田分类整合

三塘村的田地分为三大类，即耕地、茶树种植地、花卉种植地。首先，国家耕地不能改变其性质，要予以保留；其次，将一些农民自家耕地分类整合，在靠近农家乐茶楼区域种植茶叶，供游客进行农耕采摘体验，享美食，品茶香，促进当地经济发展（图 9-75、图 9-76）；最后，针对观赏性田地，应顺应当地原有花卉产业基础，进一步凸显当地村民种植花卉的习惯，使“村景共生”理念得以落实，美化环境，增加村民经济收入，丰富旅游项目，经济性与观赏性两不误（图 9-77、图 9-78）。

图 9-75　三塘村现存茶园

图 9-76　三塘村茶树种植地

图 9-77　三塘村花卉种植盛开景象

图 9-78　三塘村花卉种植地

3. 节点提升方案

（1）历史遗存改造保护

①顺娘庙改造

顺娘庙是三塘村现存较为完整的历史建筑，位于三塘村的中西部。目前，其院落空间比较单一，缺乏层次。随着外来游客的增加，容纳量将明显不足。对此，在原有中轴线的南边增加戏台和大殿，丰富顺娘庙院落空间。在院落两侧增加商业服务等配套空间，为游客提供必要的商品，方便游客，增加当地村民的经济收入，也便于村民节庆日举办活动，丰富村民和旅客的文化生活（图 9-79 ~ 图 9-84）。

图 9-79　顺娘庙改造前正大殿

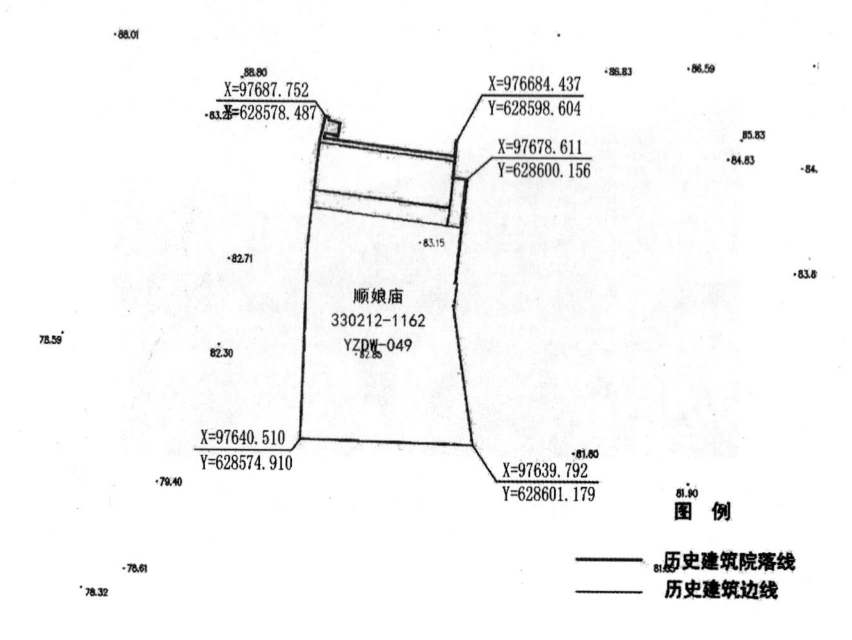

图 9-80 顺娘庙建筑范围

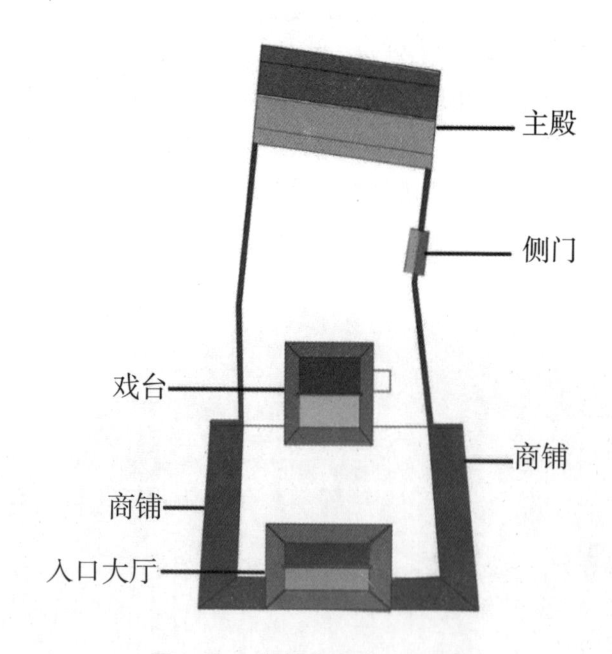

图 9-81 顺娘庙改造后平面图

图 9-82　顺娘庙改造后内部电脑效果图

图 9-83　顺娘庙改造后主入口电脑效果图

图 9-84　顺娘庙改造后侧立面效果图

②陈氏宗祠改造

陈氏宗祠位于整个三塘村中东部，目前用作老年人文化活动室。为了使陈氏宗祠院落更加完整，充分展示当地祠堂文化，同时满足当地村民的文化生活需求，在陈氏宗祠西边新建一个文化活动室，用于老年人的文化活动，置换空间，恢复陈氏宗祠原有的格局。新建活动室由廊亭与陈氏宗祠相连接，空间相互贯通，并在两者之间安排院落景观作为过渡，使空间功能既有分隔，又有联系（图 9-85 ~图 9-90）。

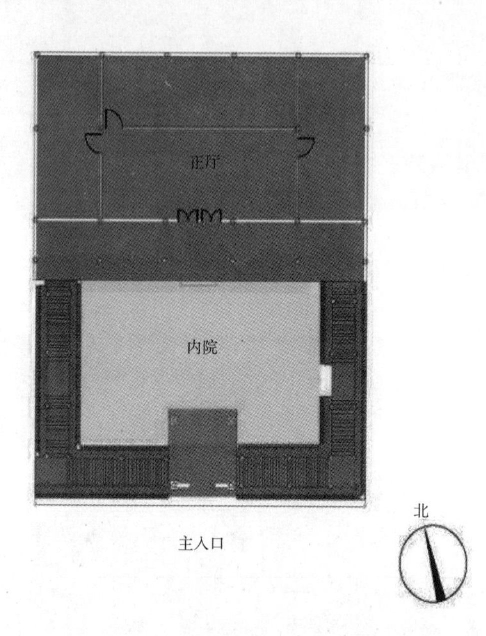

图 9-85　陈氏宗祠改造前平面图

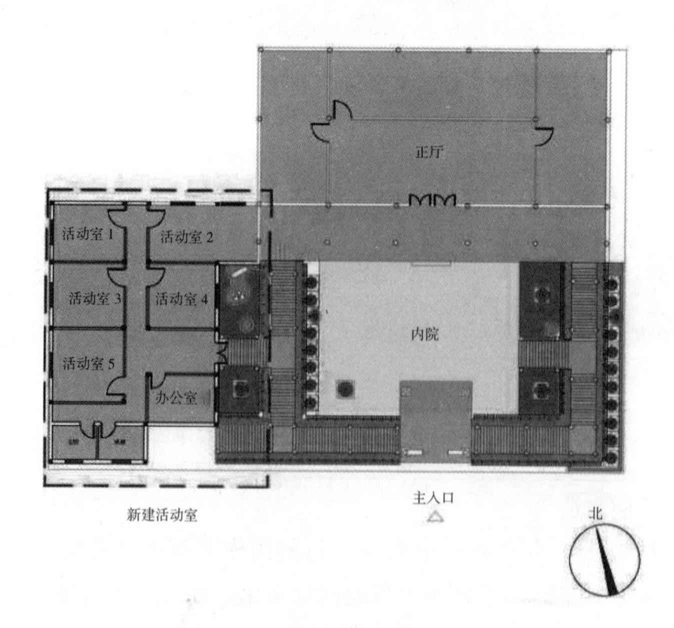

图 9-86　陈氏宗祠改造后平面图

图 9-87　陈氏祠堂改造后立面效果图

图 9-88　陈氏宗祠改造前外部

图 9-89　陈氏宗祠改造前外部围墙

图 9–90　陈氏宗祠改造后整体效果

③民居改造提升

重点是对村中三个主要景点区域的民居进行建筑改造整治。主要是三塘村入口处、顺娘庙周围和陈氏宗祠周围三个区域。三塘村现有民居的建造时间跨度较大，质量参差不齐，建筑风格比较混乱，功能上已不能满足现代生活的需求，形式上与旅游开发、美丽乡村定位格格不入。通过对民居内部改造和外部整治，改善室内空间环境，统一村落的建筑风格，使三塘村的整体村落风貌呈现出鲜明的特色。这不仅能改善村民的居住环境，还为发展民宿提供了良好的条件，从而吸引了更多的游客在此观光旅游和短期度假。图 9–91 为居民整体立面风格意向图。

图 9–91　民居整体立面风格意向图

（2）餐饮空间配套完善

随着三塘村旅游业的发展，人流量逐渐增大，村里现有设施已不能满足人们的需求，因此计划在三塘村入口、顺娘庙、陈氏宗祠等区域新建茶楼和农家乐建筑，解决吃、住、玩等问题。

①新建茶楼

在进入天童寺与三塘村入口交叉地段新建茶楼（图 9–92 ~ 图 9–94），建筑风格要与村落风貌一致。一方面，解决游客的吃饭问题；另一方面，供游客休憩歇脚，品尝当地茶叶等农产品。茶文化与天童寺的佛教文化相呼应，游客在参观天童寺之后，来到山下品尝当地的美食与饮茶，更能体现当地乡村特色。

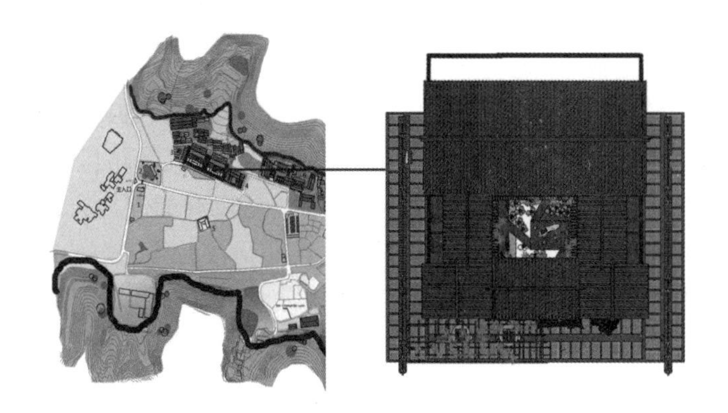

图 9-92　新建茶楼平面

图 9-93　新建茶楼立面

图 9-94　新建茶楼侧立面

②新建农家乐

三塘村现有的农家乐简陋且缺乏当地特色，不能满足游客的需求。因此，在顺娘庙西部靠近山脚处新建农家乐，建筑风格要与村落风貌协调。建成后的农家乐处于青山环绕、竹林相依、花卉芬芳中，可以使游客体验到采摘的乐趣，参与富有趣味性的农家活动，一边欣赏美景一边用餐，度过一段美好的时光。

（3）交通设施新增扩建

随着外来游客的增加，停车位问题日显突出。根据人口密度的流向分析，在三塘村西部靠近农家乐之处与中部南山寺和顺娘庙交叉路口处增建停车位。本着停车位不占用耕地的原则，对村内现有一些废弃的碎片空地进行改造设计。建成后的停车场与周边环境紧密结合，可以满足游客泊车的需求。

针对停车位不足的问题，对一些废弃的空地（图 9–95、图 9–96）进行了设计。设计后的停车场（图 9–97）与周边环境紧密结合，和谐统一。

图 9–95　三塘村废弃空地

图 9–96　三塘村空地

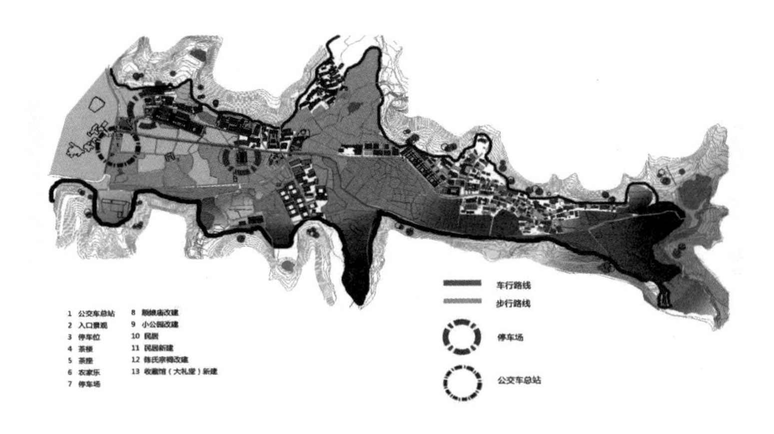

图 9-97　三塘村停车场规划图

众所周知，名镇名村或传统村落的旅游开发与保护现已有很多成功的案例，但普通乡村在保护非成片历史遗存，将其成功用于旅游开发的案例不多。因此，对历史遗存资源相对贫乏的普通乡村进行旅游开发的研究和实践具有现实意义，值得社会关注和专业人员深入研究。只有深入挖掘历史文化资源，因地制宜，乡村的旅游经济才能焕发生机，持续发展。

9.4　宁波象山西周镇蒙顶山生态旅游度假村规划设计研究

象山县居长三角地区南缘、浙江省中部沿海，位于象山港与三门湾之间，三面环海，两港相拥。唐神龙二年（706 年）立县，因县城西北有山“形似伏象”，故名象山。全县由象山半岛东部和沿象山海 656 个岛礁组成，陆域面积 1 382 平方千米，海域面积 6 618 平方千米，海岸线长 925 千米，素有“东方不老岛、海山仙子国”和天然氧吧的美誉。随着象山港大桥通车运营，象山全面步入“宁波半小时，杭州 2 小时和上海 3 小时交通圈”，区位优势进一步凸显，潜在的海洋、生态、文化优势得到充分发挥，可持续发展的动力相当充裕。

象山县海洋资源丰富，植被葱郁，空气清新，海鲜美味，是浙江省海洋旅游业四大板块之一，是华东地区集“渔、港、岛、滩”等各种海洋资源于一体的最佳地区之一。1997 年以来，象山旅游业从无到有，蓬勃发展。目前，全县初步形成了“一带四区”的大旅游发展格局，成为长三角地区重要的滨海旅游度假胜地。

9.4.1 背景概况

迁村并居后，许多自然村原有居民搬到了中心村，人走楼空的村落萧条凄凉，没有生机。如何把农村建成风景区，把景区建成城市的后花园，是摆在当前的新课题。本书通过对废弃的山村进行现场调查、文献分析，从经济、文化、养生等方面找出合理的定位，策划撰写出规划文本，形成主题鲜明、结合环境的、完整的景区规划和主要建筑设计方案。

通过实地考察，深刻了解村落的自然生态和人文生态，并融入设计，促进人文生态和自然生态的良性互动。通过对地域历史文化的发掘、保护、传承，提取地域文化特色，用于规划建筑设计，创造能够促进价值观念的提升、公众生态意识的增强以及蕴含着人文精神的生态度假区。

蒙顶山村（图 9–98）位于象山县西周镇内山区，占地面积约 67 公顷，海拔 584 米。三座海拔 500 米以上的山峰成鼎足之势。北面是大尖峰，海拔 530 米；南面为小尖峰，海拔 514 米，其间有大茅棚、小茅棚、小天池等胜景；西面为天峰，海拔 584 米，为蒙顶山最高峰。其山顶为一小盆地，四周山峦起伏，林木葱郁，景色宜人。

图 9–98 蒙顶山村位置示意图

9.4.2　蒙顶山生态旅游度假村基地现状分析

基地道路交错，蜿蜒曲折，其中东西、南北各一条贯穿地块道路，为与外界连接的主要道路，东边有两条古道延绵至地块中心，其余均为大小不一的土路。基地中有一个天池，为地块的中心地区，另有一个遗留的放生池和古井。基地内大部分为山地，东、西、北三大高峰形成中央盆地，被茂密的云雾茶覆盖（图 9-99）。

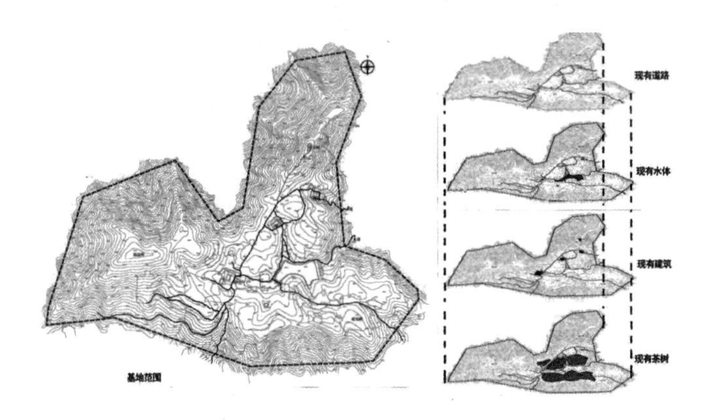

图 9-99　基地现状分析图

9.4.3　基地高程分析

基地内丘陵起伏，四周山峰环绕，低洼之处蓄水成湖，称为小天池。现有建筑很少，有大片的茶树和原始竹林，基地外由竹林和树林围绕（图 9-100 ~ 图 9-103）。

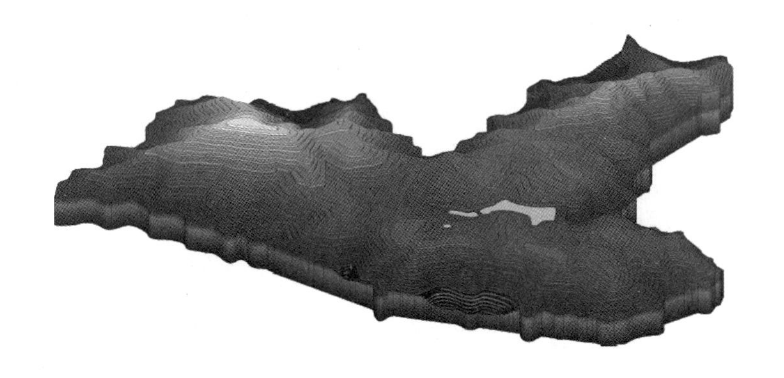

图 9-100　地基三维示意图

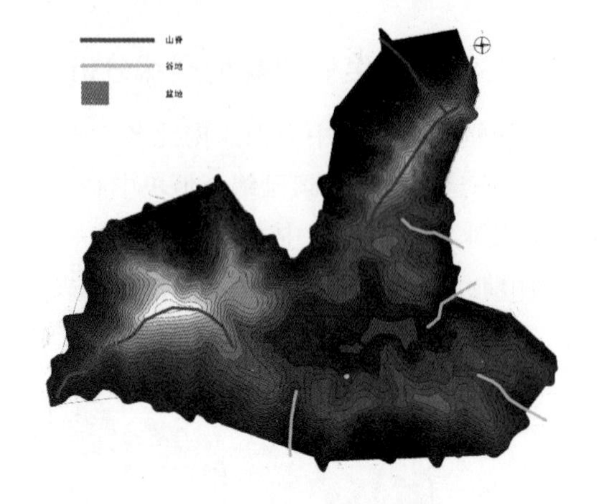

图 9-101　基地地势示意图

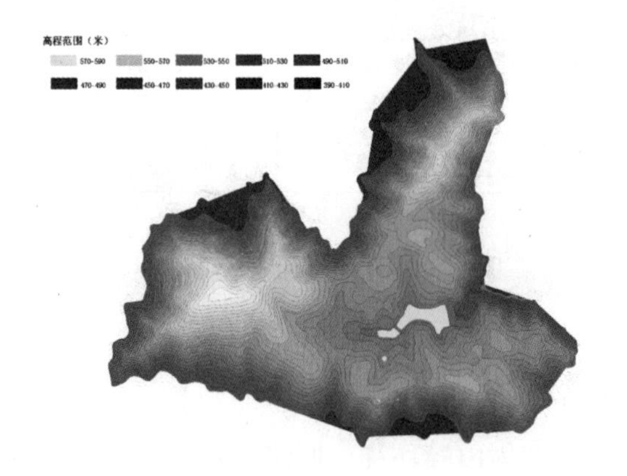

图 9-102　基地高程分析

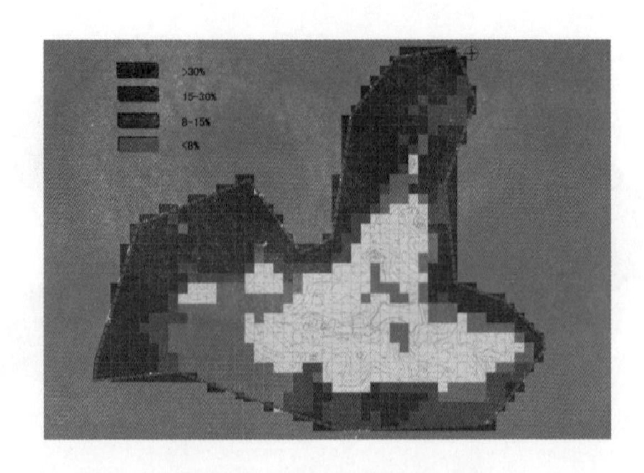

图 9-103　基地坡度分析图

根据现状地形分析，规划区的特点分布为临水地段较低，大部分在 490 ~ 500 米，西边地段最高为 570 ~ 590 米，北边和东边也相对较高，其他均为大小不等、形态各异的山丘。

9.4.4　基地用地价值分析

通过对基地的综合分析，将基地的价值分为四个等级。

最有利用地：山地南坡或者东南地块拥有最好的通风、朝向、排水，地势平缓，景观价值最高。

较好用地：朝向好，坡度一般，视野良好，景观价值良好，适宜住宅建筑。

一般用地：拥有良好的视野和景观，但其通风、朝向较差，不适宜建筑建设，适宜景观建设。

最不利用地：坡度大，朝北，排水不利，不适宜建筑建设，较适宜景观建设。

9.4.5　基地自然、人文、奇观分析

蒙顶山在象山西周镇南面。蒙顶山是象山西乡的少祖山，因春夏季节常云雾蒙顶而得名。有三条路可以登山：一条由北麓沙地村上山，沿路有上马石、缚虎山、欢喜岭等多处胜景，路径盘曲仄小；一条从东麓赖家村上山，羊肠小道，陡峭难攀；一条由南面芭蕉东岭头上山，路宽阔平缓。

山顶为一小盆地，四周山峦起伏，林木葱郁，雾气缥缈，群鸟啾啾，景色宜人。当中平展如砥，低洼处形成天然湖，称为小天池（图 9-104）。古人有“群峰列围嶂，迴峦曲涧沟，却似碗子城，中亦多田畴”的描述。如今田畴变茶畦，到处是粼粼绿茵（图 9-105 ~ 图 9-109）。蒙顶山村是县内唯一的茶叶专业村，所制“云雾茶”闻名遐迩。

（a）

（b）

图 9-104　山顶小天池

图 9-105　云雾茶及古树

图 9-106　茶树和望朔楼

图 9–107　竹林翠海

图 9–108　步道与植被

图 9–109　山上的植被

蒙顶山有三座海拔500米以上的山峰，成鼎足之势。北边是大尖峰，海拔530米；南为小尖峰，海拔514米，其间有大茅棚（图9-110～图112）、小茅棚（图9-113～图9-115）、小天池等胜景；西面即天峰，海拔584米，为蒙顶山最高峰。登临峰巅，群山皆在脚下，确有“山外海环之，海外天环之，茫茫无际”的感觉。

（a）

（b）

（b）

图 9-110　天寿寺（大茅棚）

图 9-111　天寿寺的古井

图 9-112　天寿寺旁边古井与水体

图 9-113　镇禅庵（小茅棚）俯视

（a）

（b）

图 9-114 镇禅庵（小茅棚）

图 9-115 石碑——蒙顶山镇禅庵记

农历十月初一凌晨，如果天气晴朗，可以观看到天下奇观“日月并出”（图 9-116）。民国《象山县志》写道：“天峰者，蒙顶之第一峰也。游人于十月朔，鸡初鸣，观扶桑日月并出。须臾，日光如丹砂，月隐不可见，海天璀璨一色，光芒万道，闪闪刺目不能视，奇观也。”年年十月朔日，有人相约去看蒙顶山的“日月并出”，只是去的人多，见到的人少。清代象山学者姜炳璋的《游蒙顶山记》中记载：“十月之朔，五鼓后登天峰，观扶桑日出处，水天沸鸣如雷，飞芒闪闪，如万矢攒目不能瞬，磨荡逾时，则日月并如箕，一跃而日高丈许，月不可见矣。”

图 9-116 日月同辉

蒙顶山也是象山历史上的佛教名山，民间有“白衣大士道场”的传说。如今，蒙顶山的山道都已铺上石阶，曲曲折折拾级而上，登山赏景，步履从容。山道旁是一条山溪，溪涧里水流丰盈，晶莹剔透的溪流一波三折，奔泻而下，潺潺溪声爽脆清越，不绝于耳（图 9-117 ~ 9-120）。

图 9-117 登山步道图中的石刻——佛

图 9-118　登山步道图中的摩崖石刻——弘化三界

图 9-119　摩崖石刻——清凉世界

图 9-120　摩崖石刻——西乡少祖、蒙顶山

山上有碧绿的万亩茶园，一股股凉风迎面袭来，让人顿感神清气爽。

蒙顶山天峰脚下原有一所天寿寺，建寺于唐，一度列为丛林，僧人众多，香火颇盛。日本高僧几次上山朝香，并且献有一块匾额，上有草书“海上奇观”四字。匾额现保存在县文物管理委员会。

9.4.6　SWOT 分析

1. 优势

（1）区位优势：象山县居浙江省中部沿海，位于象山港与三门湾之间，由象山半岛东部及沿海 608 个岛礁组成，陆域 1 175 平方千米，海域 5 350 平方千米，海岸线长达 800 千米，占全省海岸线的六分之一。

（2）气候优势：象山属亚热带季风气候，温暖湿润，无霜期年平均约 248 天，年平均气温为 16 ~ 17 ℃，平均年降水量 1 400 毫米以上。象山森林覆盖面积达 58%，象山区域大气的各项指标均达优质标准，完全达到国家度假区一级标准。象山大自然的“绿色”空气被誉为“天然氧吧”。

（3）交通优势：象山港大桥建成，象山到宁波只有 50 千米的“半小时旅程”，加上杭州湾跨海大桥的叠加效应，象山将进入上海“3 小时公路交通圈”，从而进入一条社会经济发展的快车道。

（4）深厚的文化底蕴：象山历史悠久。早在 6 700 年前就创造了塔山古文化，是长江流域史前文化的有力补充。

2. 劣势

（1）相对于沿海及内地知名古迹的旅游景点开发，云雾山的旅游资源开发起步比较晚，还未形成一定的气候，开发效益还未呈现，投资面临较大的风险。

（2）总体协调不力。目前，蒙顶山的开发单位不统一，具体开发时由于地域的隶属范围不同、资金的来源不同而导致大量的旅游实体的产生，这样就不可避免地产生了重复建设和破坏性建设的现象。

（3）象山境内每年都会出现汛期，必须做好防旱防涝工作。

（4）环境污染。随着象山经济的快速发展，工业得到发展，同时给湖泊水利、渔业带来了严峻的挑战，经济发展破坏了原有的生态环境，影响了水产资源的自然增值。

3. 机遇

（1）随着社会的发展，人们的闲暇时间增多，旅游业前景广阔。

（2）地处长江三角洲经济圈，强大的经济后盾带动了旅游业的发展。近年来，政府决定扩大内需以应付全球经济危机，这为内地的旅游业带来了新的发展机遇。

（3）蒙顶山位于县城以西，县城发展迅速，总体发展进程也将带动此处的旅游事业发展。

（4）通过招商引资吸引更多的人来县里投资，大力发展旅游业，特别是乡村休闲农业和生态旅游也是一个市场机遇。

4. 威胁

（1）随着全国各地对旅游业的重视程度不断加深，郎溪旅游的优势将由多变少，如何发挥强项、克服不足、创造特色去迎接来自外界的挑战是郎溪风景区将要面临的一大挑战。

（2）基地内硬件配套设施较原始，开发成本较高。

（3）如今全球进入经济危机，市场不确定因素增加，投资开发面临较大的风险。

9.4.7 设计总体思路

基地内景观资源丰富，规划如下：

（1）根据基地内的综合因素分析，再结合原地形地貌，整个度假村采用舒畅自由的曲线来布置建筑，充分利用基地的山水优势，使整个度假村的整体感加强，空间流动，与自然结合紧密，且基本保留原有地貌。

（2）保留原有的地形地貌，充分利用原有的自然资源，严格维护基地内的山体的自然风光，创造丰富的景观特色，特别是原有蒙顶山的云雾茶保留其茶与禅的养生之道。

（3）度假村主入口、寺庙入口、休闲体验区等公共空间连贯，结合山水地形，景随步移。基地中心地势平坦的地方为天池，使东侧的高山到中间的会议中心，再到西侧尖峰，形成一个文化中轴线。从天池到北边的尖峰形成自然中轴线。以中央天池为中心，两条轴线相交，形成“一中心两轴线多区域”的设计方针。

（4）加强轴线的设计，强化两轴线的控制性。一是强调南北方向的自然轴线，二是突出东西方向的文化轴线。两条轴线交于山顶盆地中的小天池。并以天池为景区核心，向四周派生出多个景观线路，使整个规划的整体性更强，结构更紧密。

（5）外主干道向内树枝形伸展分布，使整个度假村通而不畅，形成各个组团封闭和空间形态。另外，加强组团的围合，分析山地建筑的特点，再结合云雾山本地的气候特点和市场需求进行组团设计，使度假村动静明确，创造出一个既有开放性又有传统邻里关系的度假模式。

①文化保护区

追查原天灵寺根源，传说曾为丛林。为再现其辉煌，可根据汉传佛教的形制对其进行复原和修复，保留原有大型植被、古井和原放生池。新建大殿均建在原有天灵寺北侧，沿山脉而上，直至山顶。原天灵寺将改建为天灵寺博物院，对其原有文物进行保护。

②茶禅养生区

茶禅养生区位于度假村总体规划设计的西南山坡上，基地南侧视野开阔，北面紧靠山坡。规划和建筑设计将居室和别墅沿等高线分散，并将两者以交通分开，茶禅一味，返璞归真，以佛教养生为中心，让人在远离都市喧嚣中得到另一种修身养性的意境。规划设计中式神韵，打造写意空间，以简约洗练的现代设计语言将中国的人文精神与现代人的生活需求有机结合，达到了自然景观与人文景观的融合，也体现了人与自然的和谐对话。结合建筑“黑、白、灰”三种颜色进行渗透，淡雅而恬静。

③自然体验区

自然体验区位于度假村总体规划设计的北山坡上，基地南侧濒临环境优美的天池，北面紧靠山坡，形成了独特的滨水山地建筑。特色主题餐厅、云雾茶体验会所、露营会所和云雾山特有的日月同辉奇景的最佳观望点都是很好的山地自然体验区。

整个建筑群视野开阔，享云雾山之精华，同时结合简约的新现代中式风格，白墙灰瓦，朴素的木条，摒弃繁华，返璞归真，是人们在繁华都市生活背后追求的另一种意境。观景平台在原有基础上加以休整，扩大平台，开阔视野，更为这个日月同辉的浪漫之地增添了几分温馨。

④商务休闲区

根据该地块的用地性质和功能特性，为创造有序、整体且有生命力的建筑景观，应结合建筑自身的功能，在尽量不破坏自然环境的条件下进行规划设计。建筑群由接待中心、山地度假酒店、氧吧养生会所组成的商务休闲区组成，建筑规划采用中西结合的方式设计，以接待中心为主，两边各规划酒店和氧吧会所，三个建筑围合成中心的景观花园，其轴线延伸至中央天池与天灵寺呼应。各单体建筑以院落组合，通过连廊和小径贯通，宁静而幽雅。主入口沿原有山地等高线延绵而上，直至该区域的中心广场，后勤服务道路围绕在区域外围，隐秘于丛林山坡中，简单流畅的道路系统不仅疏通了人流，还美化了环境，是对环境的创造和升华。

9.4.8 尊重自然，保护遗产

基地最大的特点就是高山上的平缓盆地，其上有大面积的茶树、竹林，还有山顶小天池，有着得天独厚的自然人文景观，被许多户外运动爱好者、登山爱好者所钟爱。为保护其自然资源和非物质文化遗产，设计时应尽量保持其原有的特色，并在此基础上进行改造、修复和扩建。出于这样的考虑，方案从一开始的“一中心一轴线多区域”的简单模式发展成“一中心两轴线多区域”的复合模式。以基地内天池为中心，天池南北方向为自然轴，其中包括主题餐饮、云雾茶体验会所、露营会所、日月同辉观景平台和天然氧吧长廊；以天池东西向为文化轴，文化轴西至天灵寺的中轴线，东至商务休闲区的中心广场。这一系列的规划设计都是为了更好地保护和开发资源，打造“茶禅一味”的生态旅游养生度假区。

（1）建筑语汇提取研究。通过对蒙顶山现存建筑原型的研究，从空间形态、山墙造型、屋顶形式、建筑材料等不同角度进行分析，借助图形提炼出相应的建筑语汇，灵活运用于蒙顶山规划和建筑设计中，从而在保护、修复历史建筑的同时，在整体规划和建筑设计上保持相对统一的风格。

（2）建筑形态与地势研究。通过对蒙顶山地势地貌的研究，针对丘陵坡地，探索建筑与地势之间的关系，从空间形态进行研究分析和图形演变，归纳出相切、相交和相离等几种建筑形态，因地制宜，灵活运用于蒙顶山规划和建筑设计中，从而最大限度地尊重自然环境。

基地有大面积的茶树林和深厚的佛教文化底蕴。为保护其自然资源和非物质文化遗产，设计时应尽量保持其原有的特色，并在此基础上进行改造、修复和扩建（图 9-121）。蒙顶山生态旅游度假方案设计成果展板如图 9-130 所示。

图 9-121　建筑改造与修复意向

第10章　普通乡村“非成片历史建筑”的图片资料

10.1　建筑与院落

普通乡村的建筑与院落如表10–1所示。

表10–1　建筑与院落

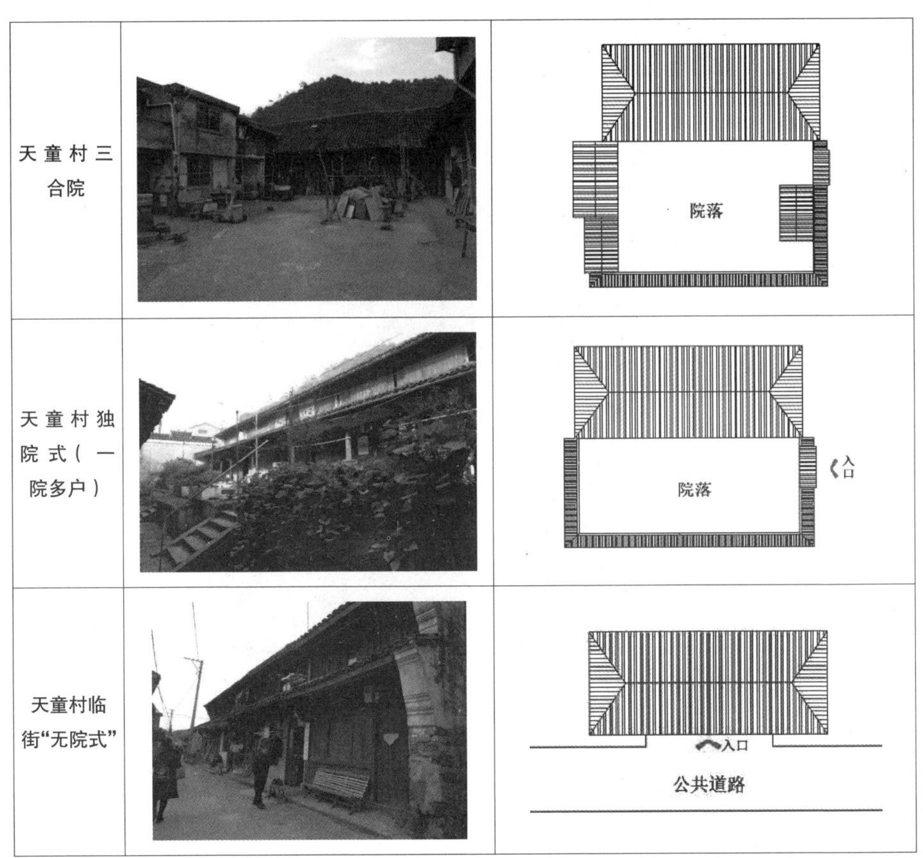

天童村三合院		院落
天童村独院式（一院多户）		院落 入口
天童村临街“无院式”		入口 公共道路

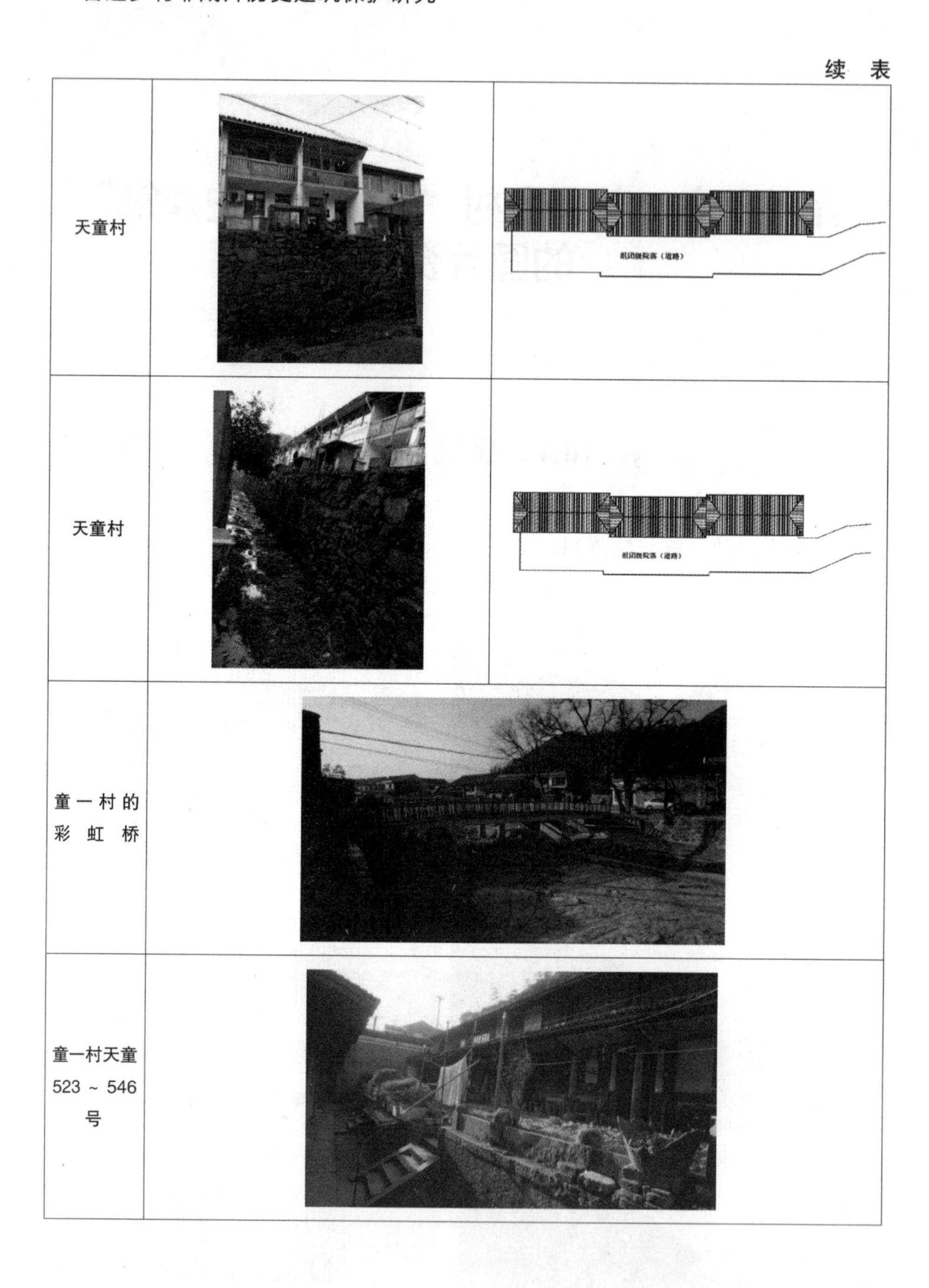

续 表

天童村		组团侧院落（道路）
天童村		组团侧院落（道路）
童一村的彩虹桥		
童一村天童523 ~ 546号		

续　表

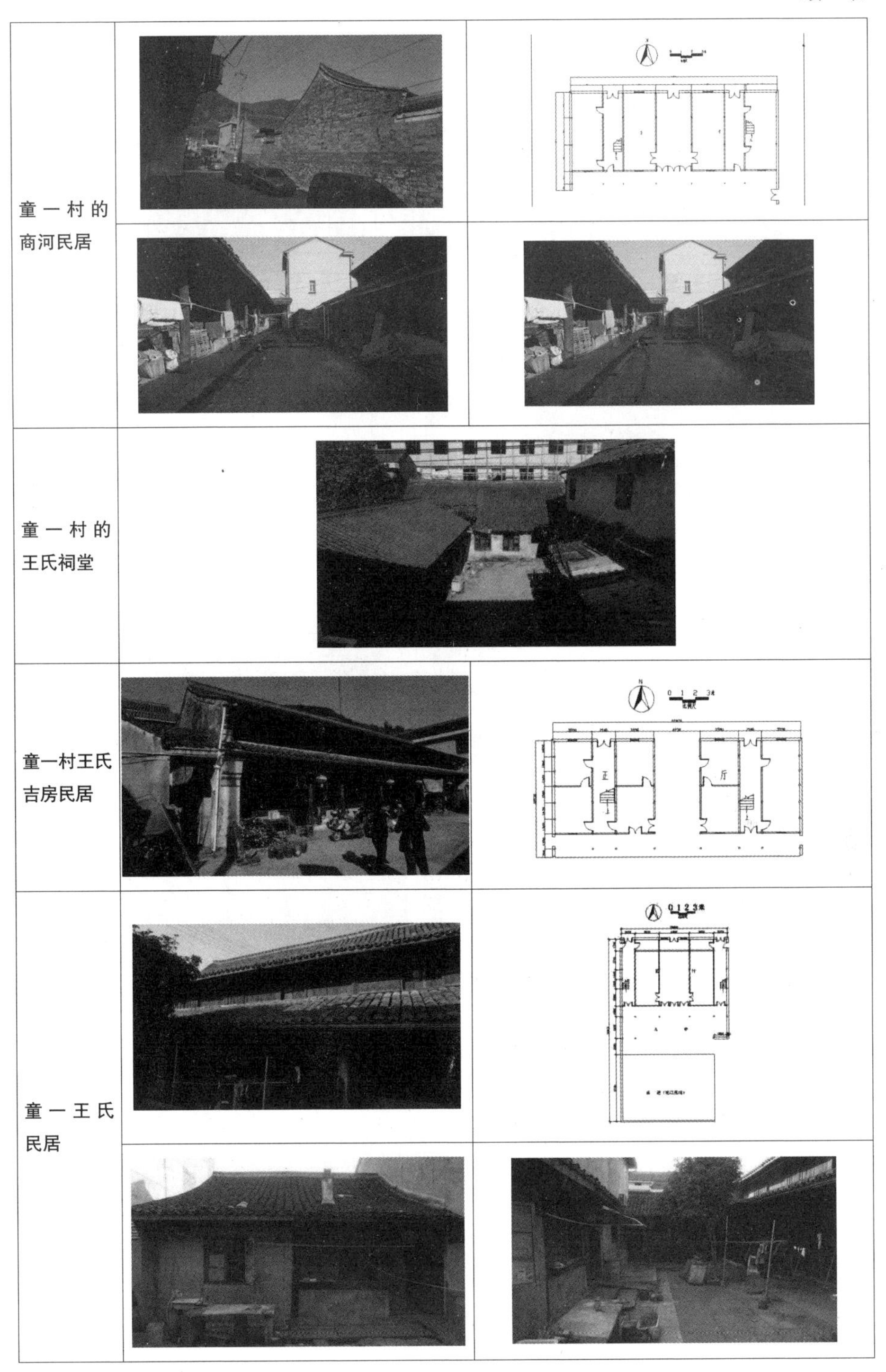

名称
童一村的商河民居
童一村的王氏祠堂
童一村王氏吉房民居
童一王氏民居

续 表

续　表

三塘村陈氏祠堂
金峨村
4000
6000
4000
卧室
客厅餐厅
卧室
前院
杂物间
4000
4000
12000
4000

续 表

象山蒙顶山村		
道成岙村陈姓祠堂戏台		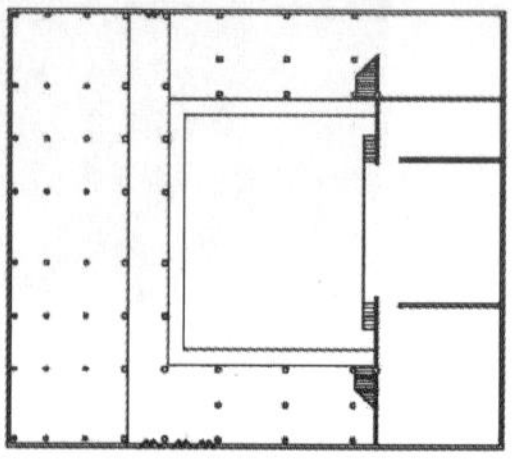
道成岙村陈姓祠堂过廊		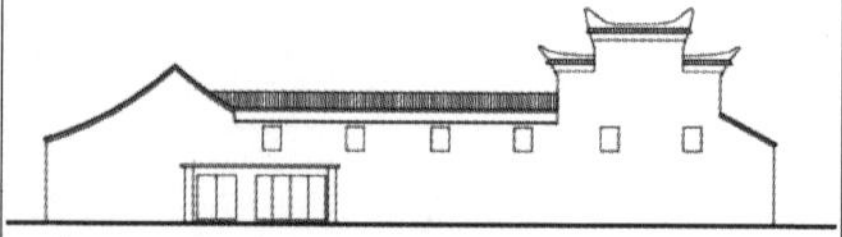
道成岙村陈姓祠堂大堂		

续　表

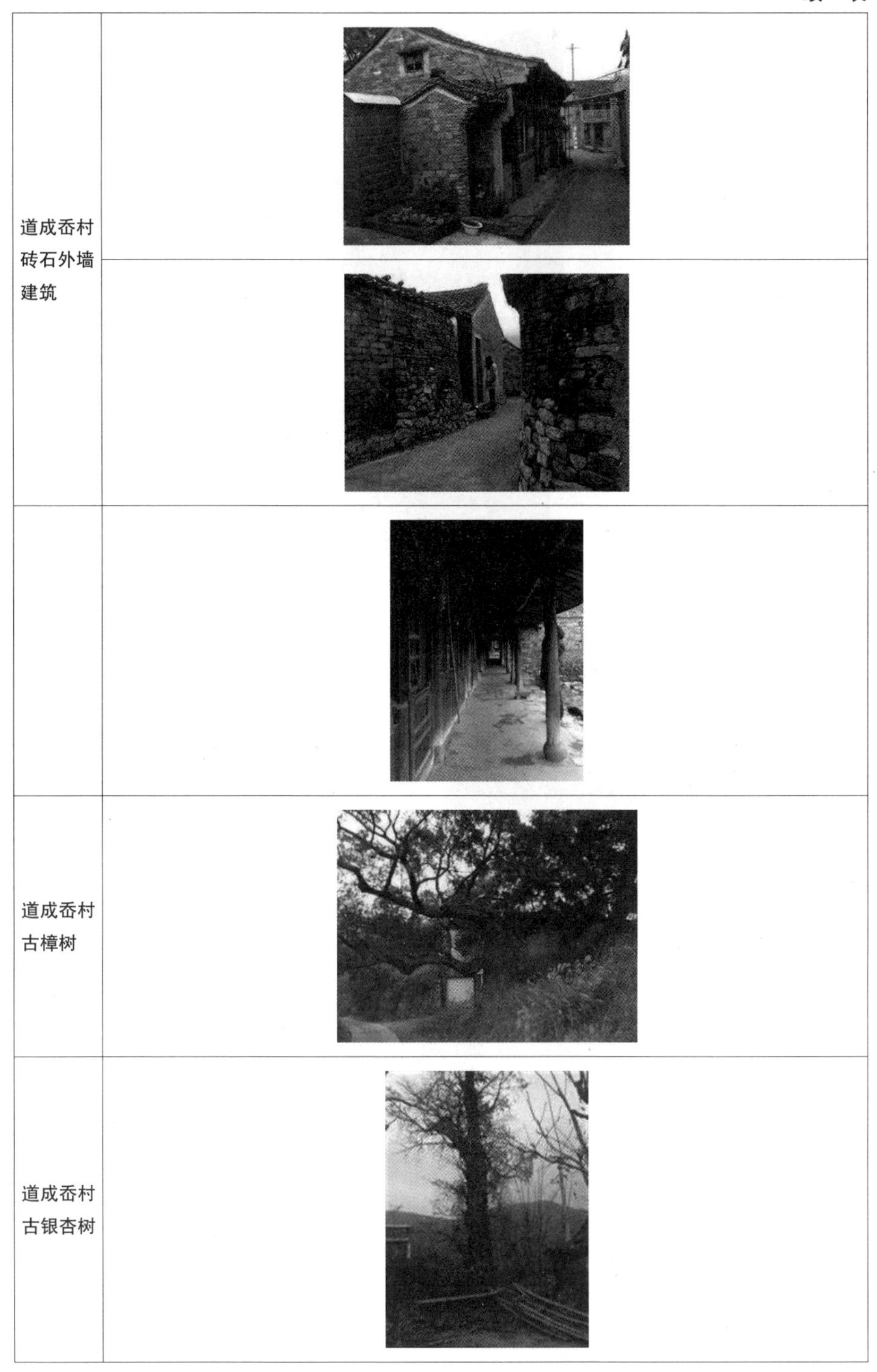

道成岙村 砖石外墙 建筑	
道成岙村 古樟树	
道成岙村 古银杏树	

续 表

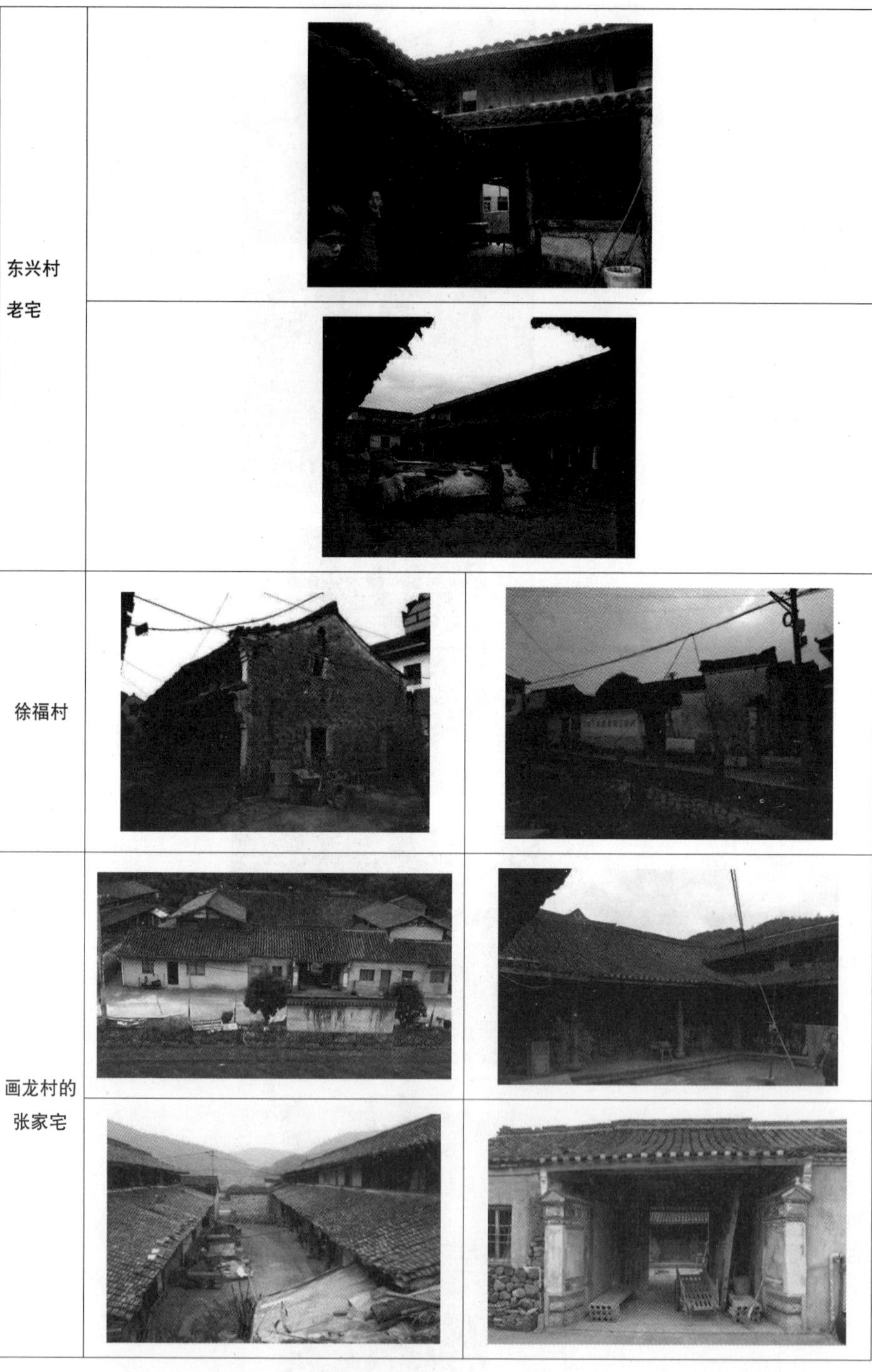

东兴村老宅	
徐福村	
画龙村的张家宅	

续　表

画龙村周家岙祠堂		
画龙村周家岙大会堂		
画龙村周家岙 308 号民居		
画龙村周家岙 175 号民居		

续 表

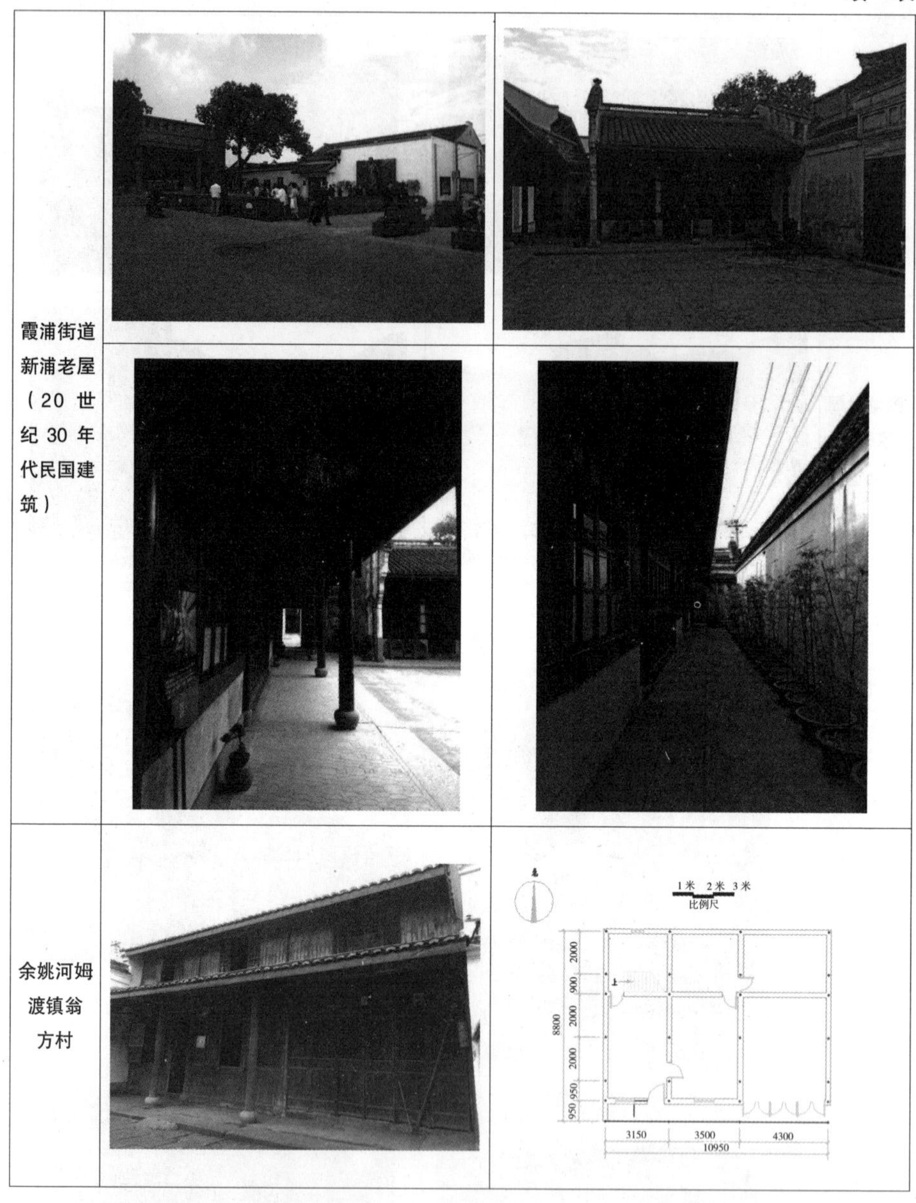

霞浦街道新浦老屋（20世纪30年代民国建筑）		
余姚河姆渡镇翁方村		

10.2　门与窗

普通乡村的门与窗如表 10–2 所示。

表 10–2　门与窗

鄞江镇东兴村老宅大门

续 表

童一村 523 ~ 546 号		
童一村 523 ~ 546 号		
童一村 523 ~ 546 号		

续　表

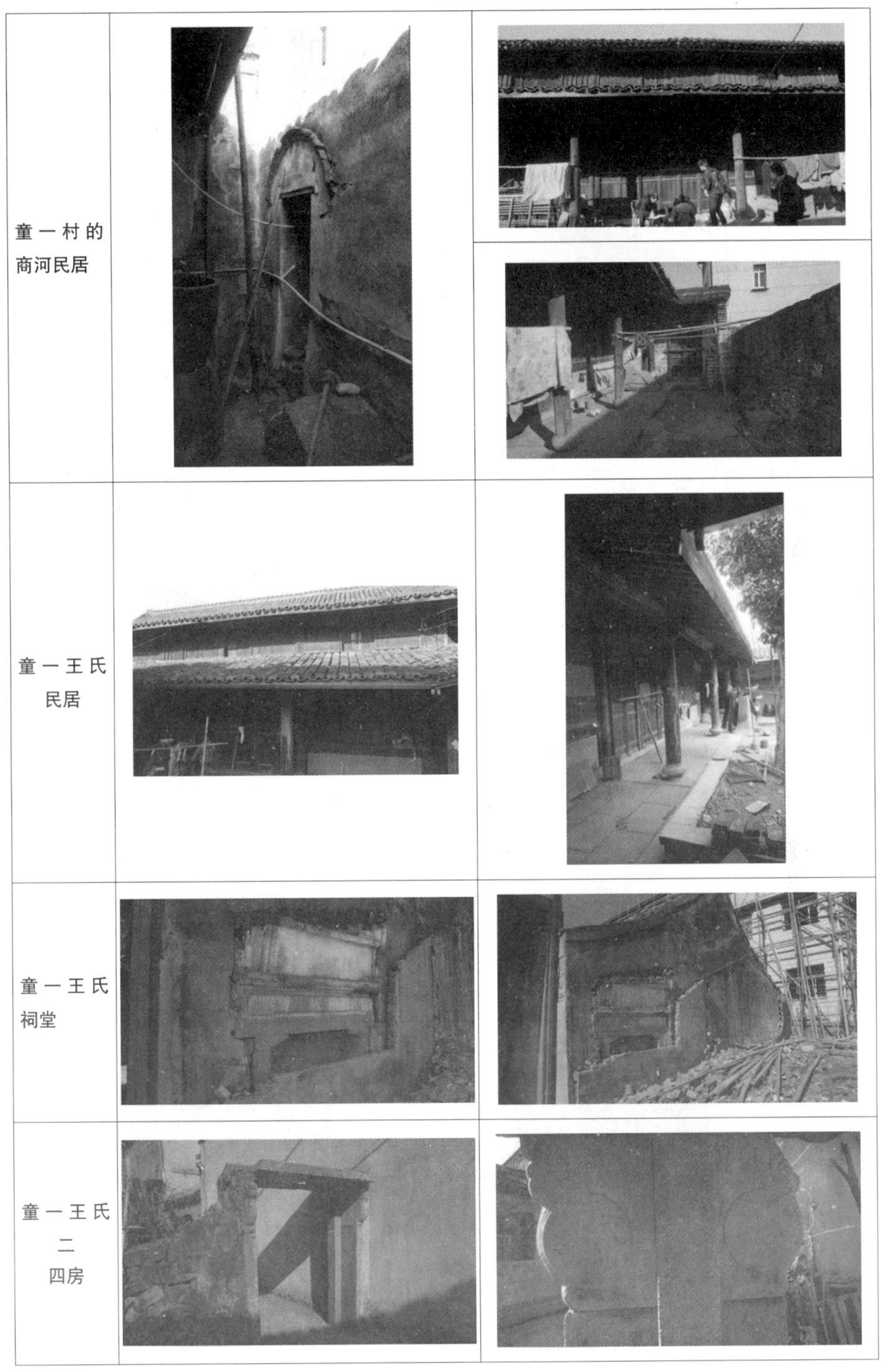

童一村的商河民居		
童一王氏民居		
童一王氏祠堂		
童一王氏二四房		

续 表

童一王氏吉房民居		
三塘村顺娘庙		
东兴村		

续　表

徐福村	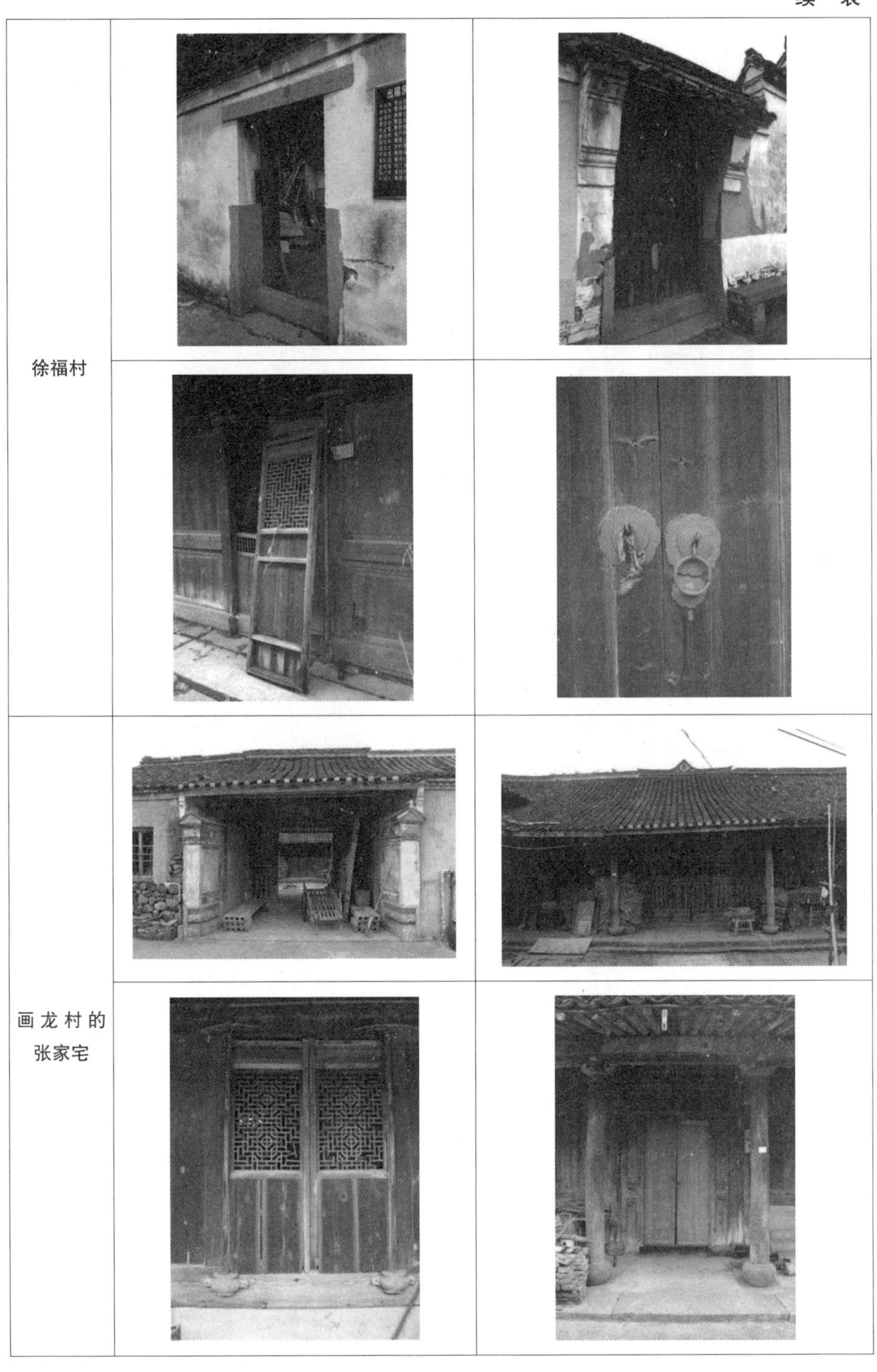	
画龙村的张家宅		

续 表

周家岙		
周家岙		
童一村523 ~ 546号		
童一村商河民居		

续　表

续 表

<table>
<tr><td>东兴村</td><td colspan="2"></td></tr>
<tr><td>徐福村</td><td></td><td></td></tr>
<tr><td>画龙村张家宅</td><td colspan="2"></td></tr>
<tr><td>画龙村周家岙 308 号民居</td><td></td><td></td></tr>
</table>

续　表

10.3 装饰与雕刻

普通乡村的装饰与雕刻如表 10-3 所示。

表 10-3 装饰与雕刻

童一村 523 ~ 546 号	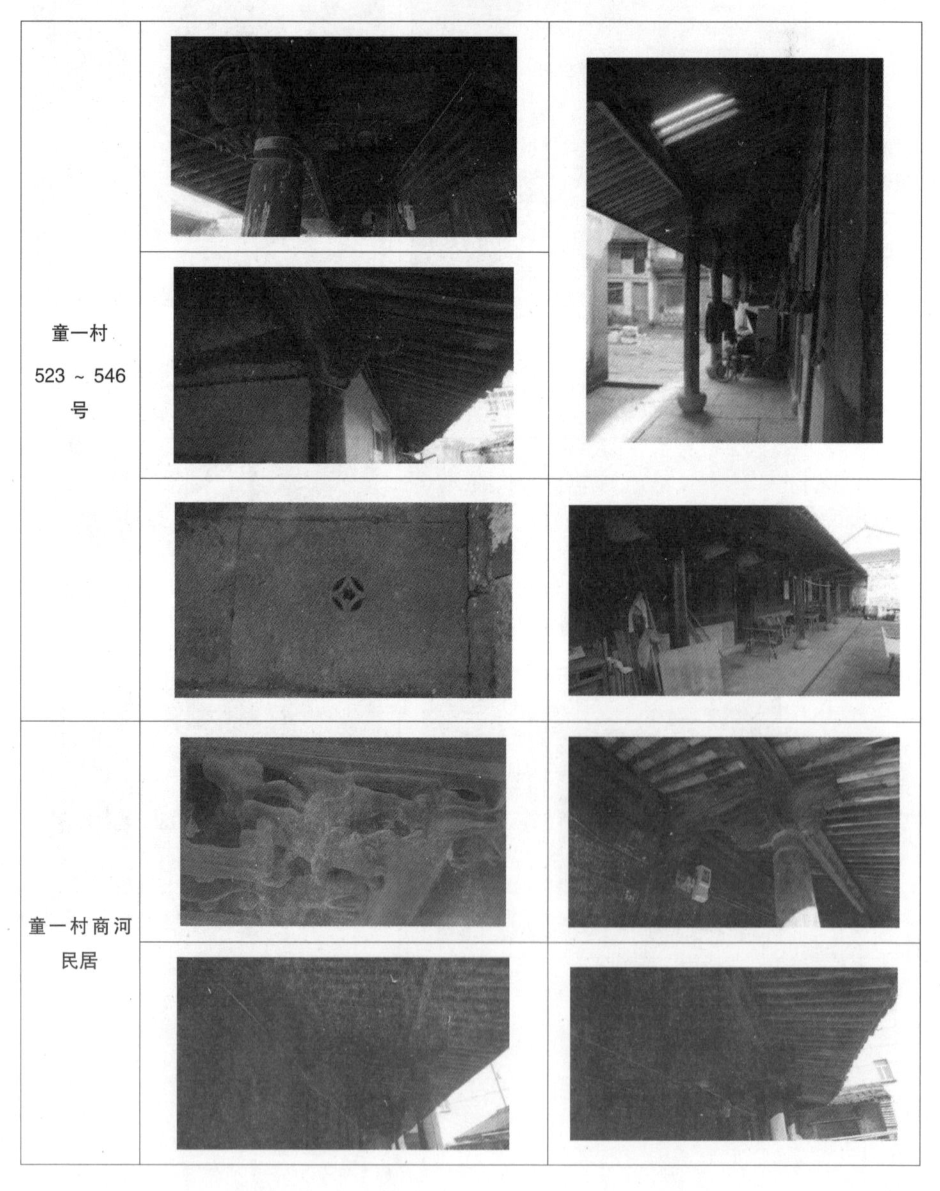
童一村商河民居	

续　表

童一王氏民民居

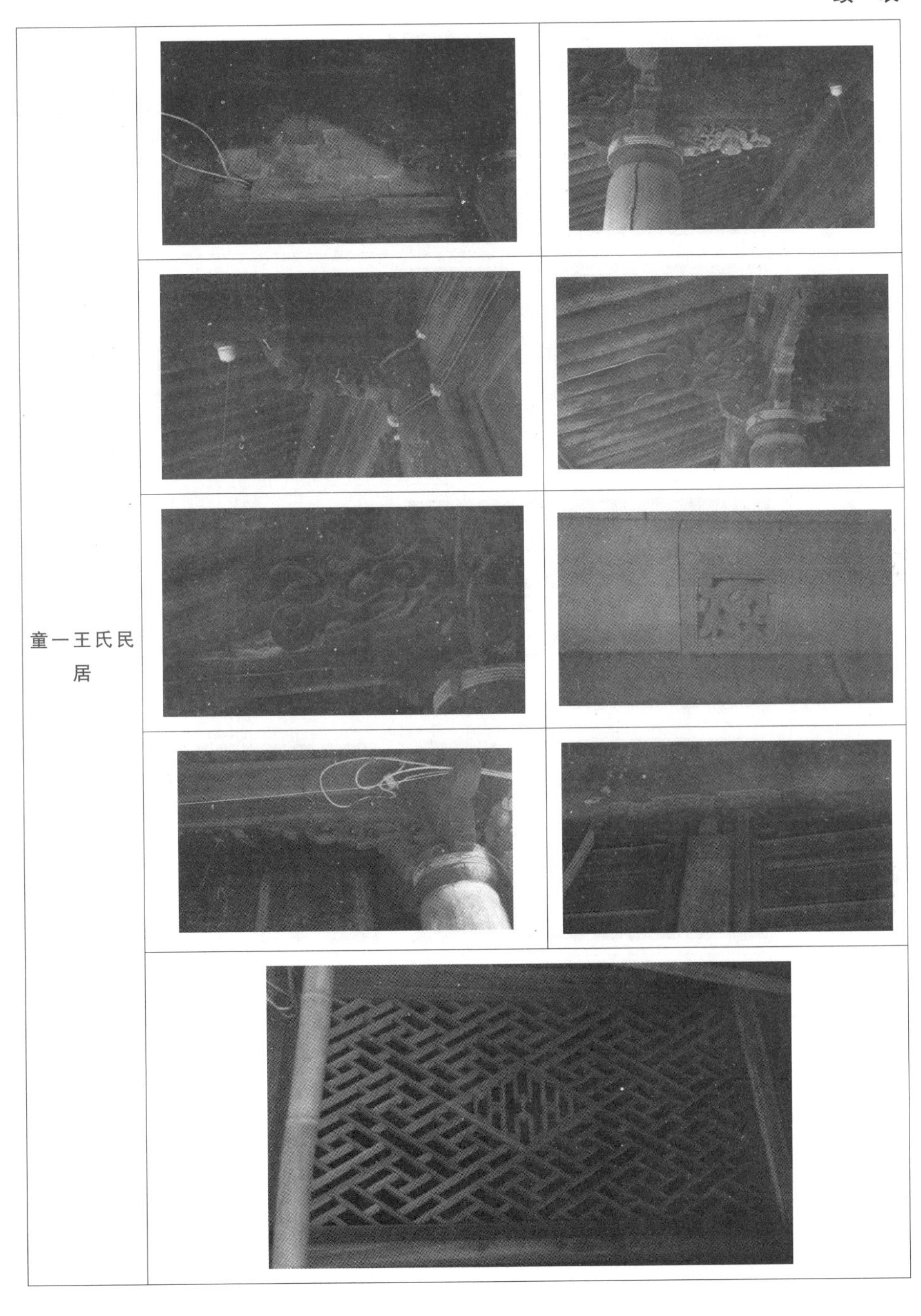

续 表

童一王氏祠堂

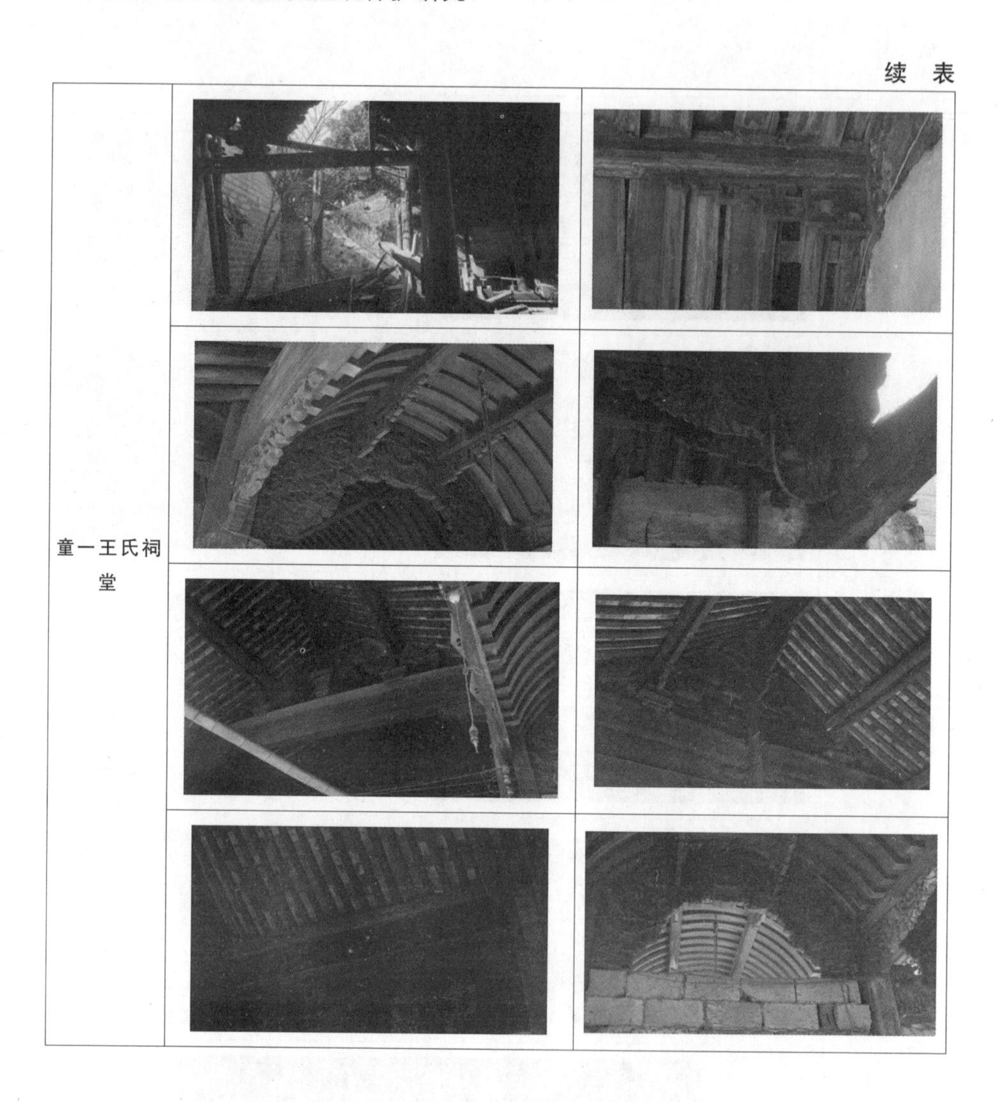

续　表

童一王氏吉房民居

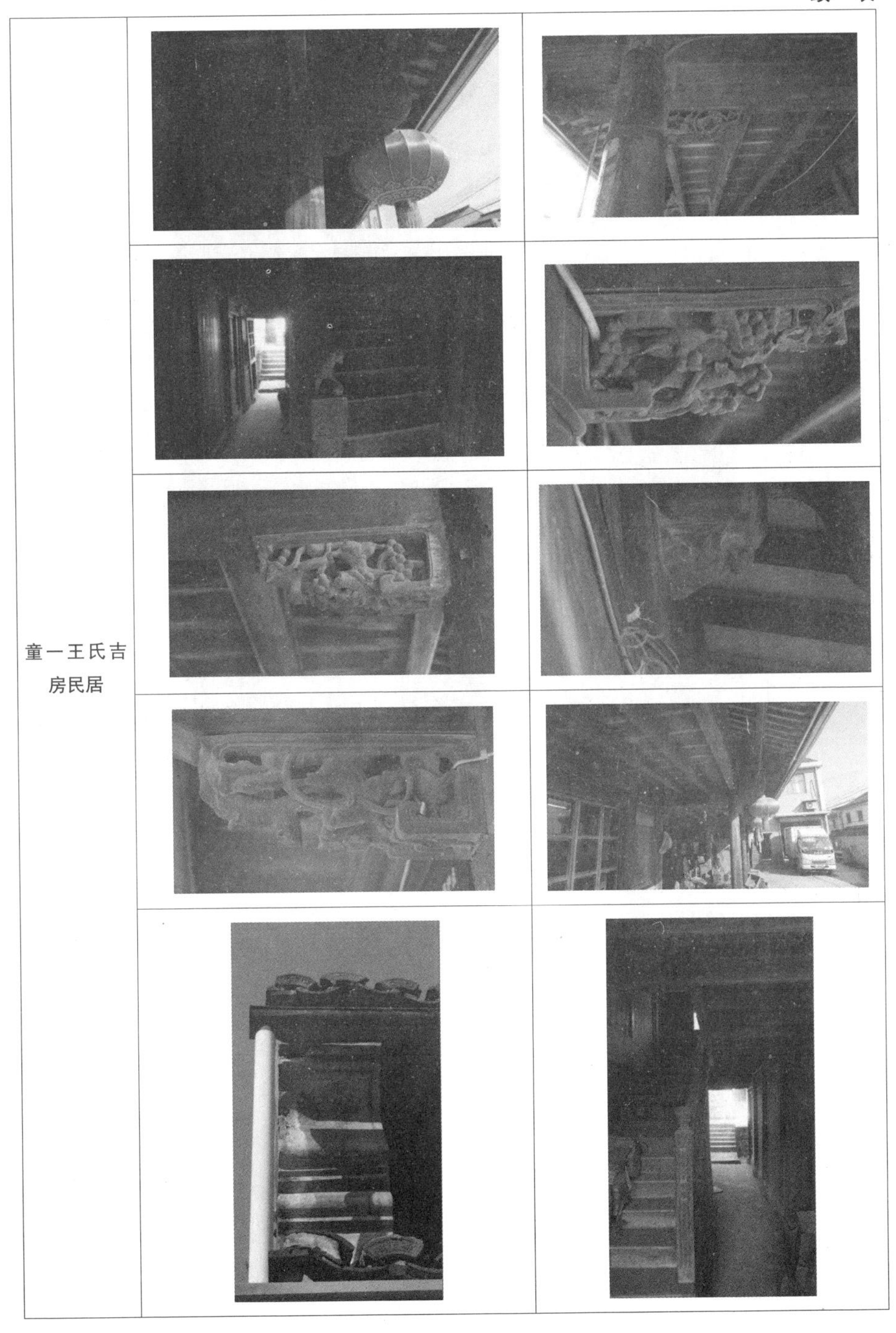

续 表

<table>
<tr><td></td><td colspan="2">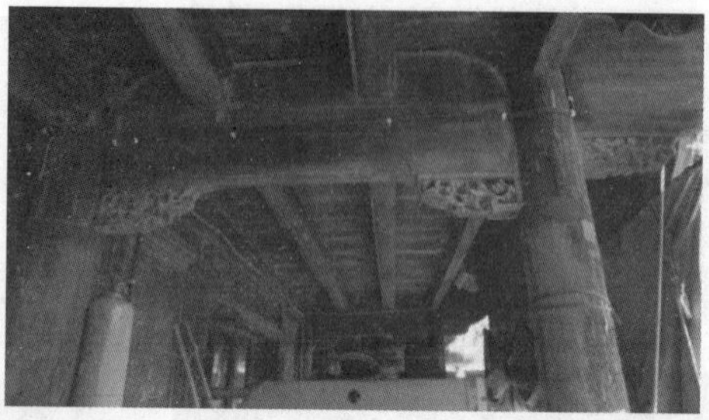</td></tr>
<tr><td rowspan="2">三塘村陈氏祠堂</td><td>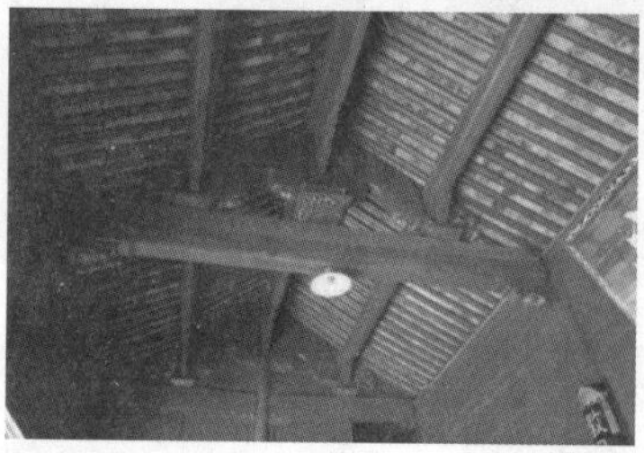</td><td>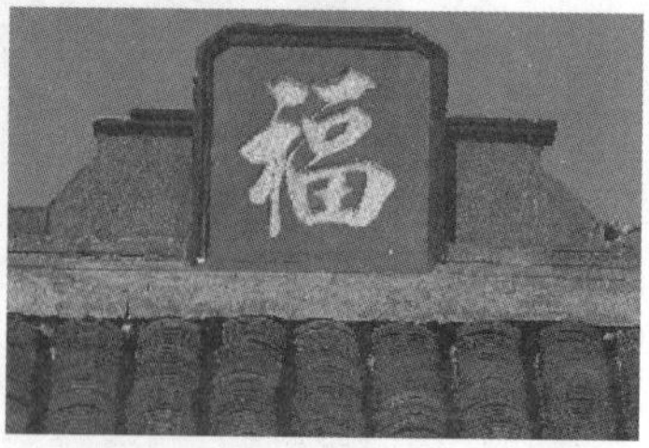
</td></tr>
<tr><td>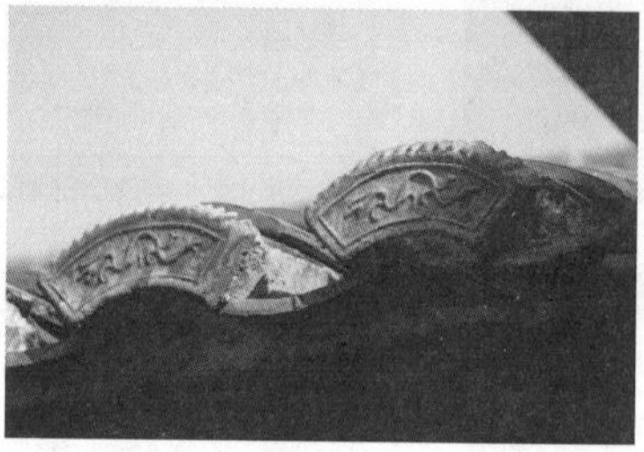</td><td>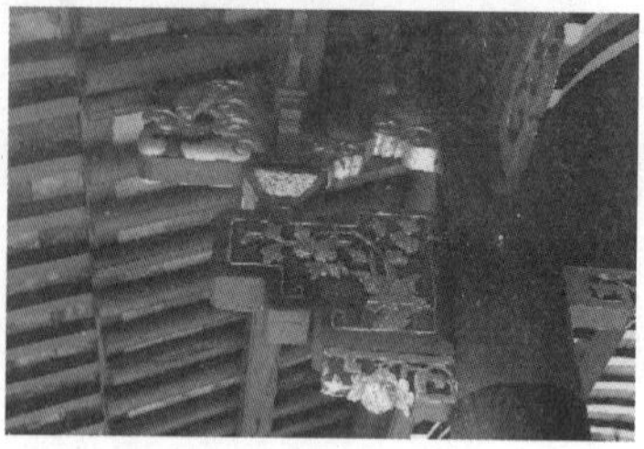</td></tr>
</table>

续　表

续　表

徐福村	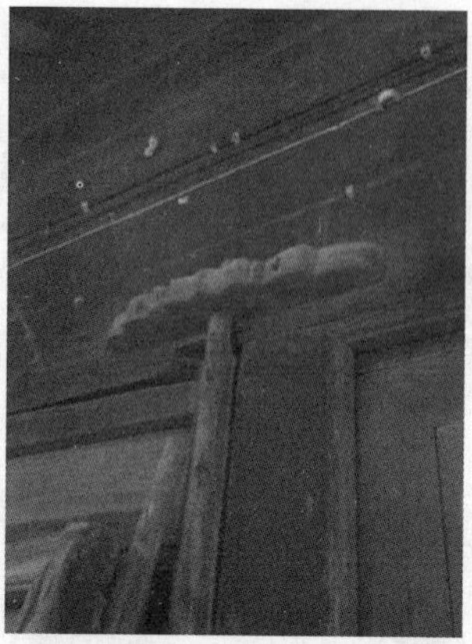	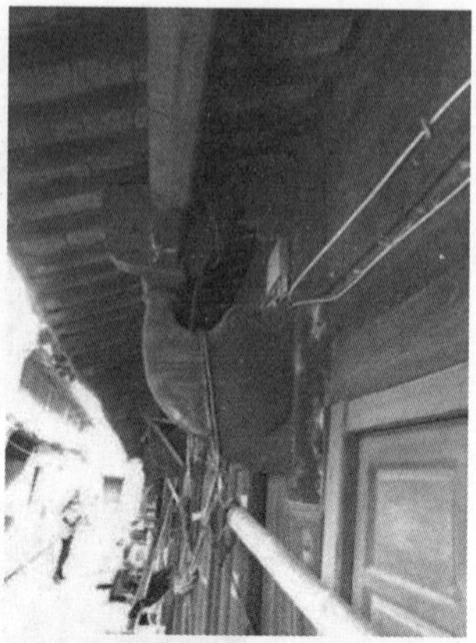
	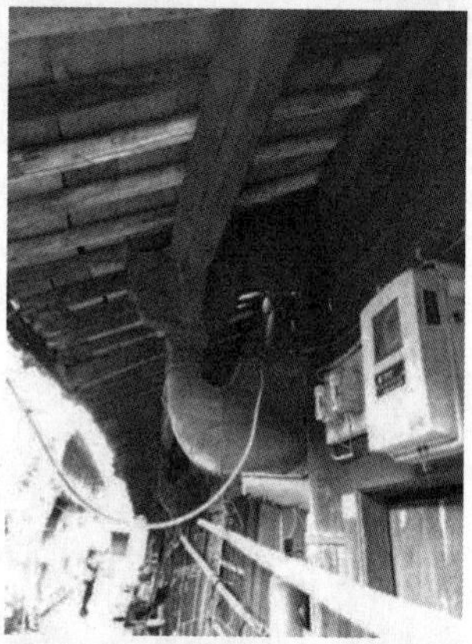	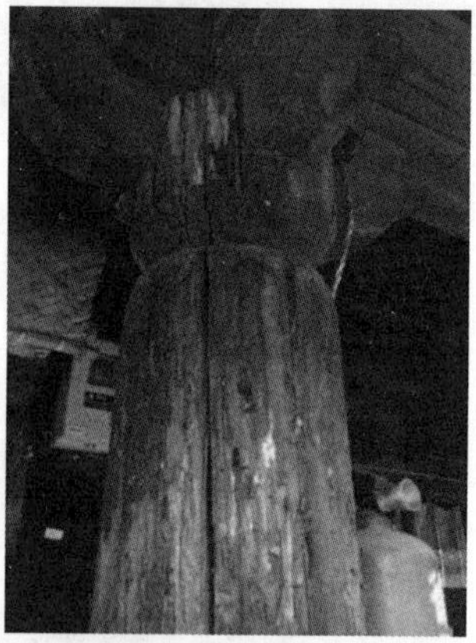
	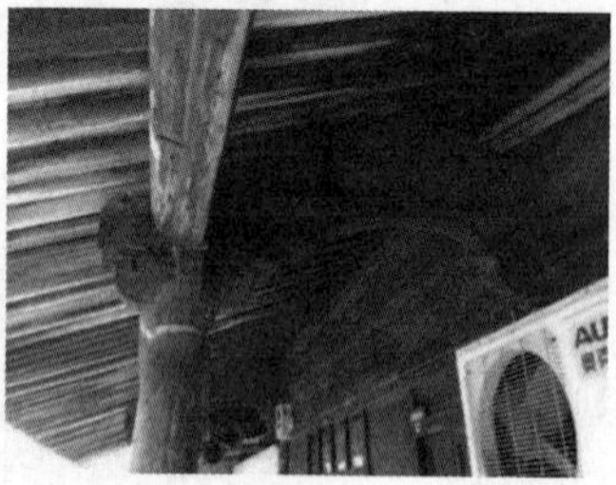	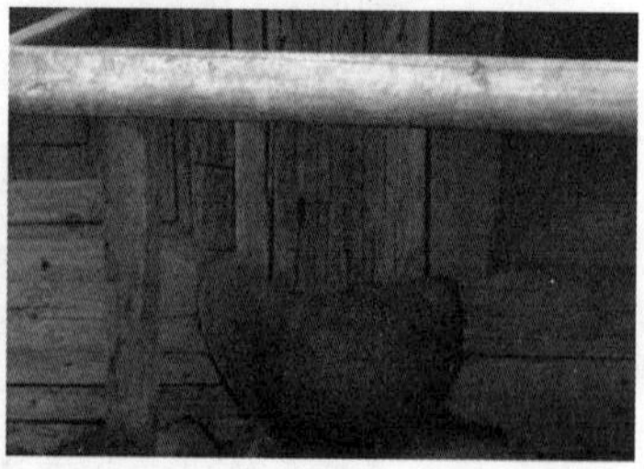

续　表

画龙村张家宅

续 表

画龙村周家岙祠堂

续　表

画龙村周家岙 308 号民居	

续 表

鄞江镇东兴村

续　表

续 表

霞浦街道新浦老屋（30年代民国建筑）	

续　表

余姚河姆渡镇翁方村	

10.4 屋脊与山墙

普通乡村的屋脊于山墙如表 10-4 所示。

表 10-4 屋脊与山墙

童一村 523~546	
童一村商河民居	

续　表

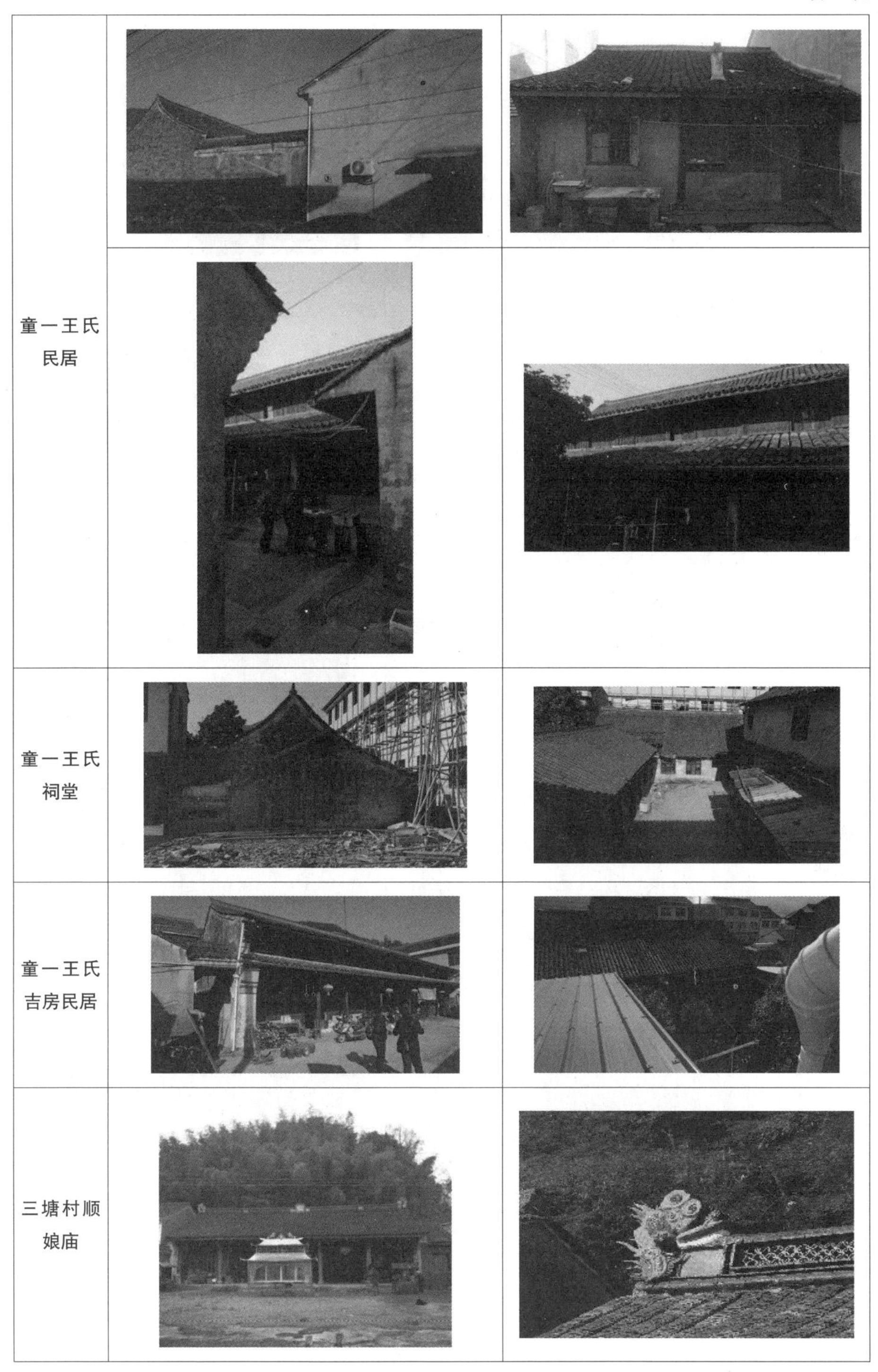

童一王氏民居		
童一王氏祠堂		
童一王氏吉房民居		
三塘村顺娘庙		

续 表

三塘陈氏宗祠		
徐福村		

蒙顶山村		

续　表

鄞江镇东兴村

画龙村

续 表

霞浦街道新浦老屋（30 年代民国建筑）		 
余姚河姆渡镇翁方村		

附　录

附录 I

建设部、国家文物局关于公布中国历史文化名镇（村）（第一批）的通知

各省、自治区、直辖市建设厅（建委）、文物局：

为更好地保护、继承和发展我国优秀建筑历史文化遗产，弘扬民族传统和地方特色，建设部、国家文物局决定，从今年起在全国选择一些保存文物特别丰富并且具有重大历史价值或革命纪念意义，能较完整地反映一些历史时期的传统风貌和地方民族特色的镇（村），分期分批公布为中国历史文化名镇和中国历史文化名村，并制定了《中国历史文化名镇（村）评选办法》（见附件3）。根据各地评选推荐，建设部、国家文物局决定公布山西省灵石县静升镇等10个镇为第一批中国历史文化名镇（见附件1）、北京市门头沟区斋堂镇爨底下村等12个村为第一批中国历史文化名村（见附件2）。

请你们加强对中国历史文化名镇（村）规划建设工作的指导，认真编制和完善保护规划，制定严格的保护措施，及时协调解决工作中的困难和问题，切实做好中国历史文化名镇（村）的保护和管理工作。建设部、国家文物局将对已经公布为中国历史文化名镇（村）的镇（村）的保护工作进行不定期检查和监督；对由于人为因素或自然原因，致使历史文化名镇（村）已经不符合规定条件的，建设部、国家文物局将撤销其中国历史文化名镇（村）的称号。

附件：1. 中国历史文化名镇（第一批）名单

2. 中国历史文化名村（第一批）名单

3. 中国历史文化名镇（村）评选办法

4. 中国历史文化名镇（村）申报表

建设部

国家文物局

二○○三年十月八日

中国历史文化名镇（第一批）名单（限于篇幅此处省略）

中国历史文化名村（第一批）名单（限于篇幅此处省略）

中国历史文化名镇（村）评选办法（限于篇幅此处省略）

中国历史文化名镇（村）申报表（限于篇幅此处省略）

附录Ⅱ

建设部、国家文物局关于公布第二批中国历史文化名镇（村）的通知

各省、自治区、直辖市建设厅（建委）、文物局：

根据各地推荐，经专家评选及《中国历史文化名镇（村）评价指标体系》审核，建设部、国家文物局决定公布河北省蔚县暖泉镇等34个镇为第二批中国历史文化名镇（见附件1）、北京市门头沟区斋堂镇灵水村等24个村为第二批中国历史文化名村（见附件2）。

请你们加强对中国历史文化名镇（村）规划建设工作的指导，认真编制和完善保护规划，制定严格的保护措施，杜绝违反保护规划的建设行为的发生，严格禁止将历史文化资源整体出让给企业用于经营，进一步理顺管理体制，切实做好中国历史文化名镇（村）的保护和管理工作。

建设部、国家文物局将对已经公布为中国历史文化名镇（村）的镇（村）的保护工作进行不定期检查和监督；对由于人为因素或自然原因，致使历史文化名镇（村）已经不符合规定条件的，建设部、国家文物局将撤销其中国历史文化名镇（村）的称号。

附件：1. 第二批中国历史文化名镇名单

2. 第二批中国历史文化名村名单

建设部

国家文物局

二〇〇五年九月十六日

第二批中国历史文化名镇名单（限于篇幅此处省略）

第二批中国历史文化名村名单（限于篇幅此处省略）

附录Ⅲ

关于公布第三批中国历史文化名镇（村）的通知

建规〔2007〕137号

各省、自治区、直辖市建设厅（建委、规划局）、文物局，北京市农委，新疆生产建设兵团建设局：

根据《中国历史文化名镇（村）评选办法》（建村〔2003〕199号）等规定，在各地初步考核和推荐的基础上，经专家评审并按《中国历史文化名镇（村）评价指标体系》审核，建设部、国家文物局决定公布河北省永年县广府镇等41个镇为第三批中国历史文化名镇（见附件1）、北京市门头沟区龙泉镇琉璃渠村等36个村为第三批中国历史文化名村（见附件2）。

请你们认真贯彻“保护为主、抢救第一、合理利用、加强管理”的工作方针，妥善处理好文化遗产保护与经济发展、人民群众生产生活条件改善的关系，制定严格的保护措施，加强对中国历史文化名镇（村）规划建设工作的指导。要加大对保护规划实施的监管力度，严厉查处违反保护规划的建设行为。要进一步理顺管理体制，切实做好中国历史文化名镇（村）的保护和管理工作。

建设部、国家文物局将对已经公布的中国历史文化名镇（村）保护工作进行检查和监督。对由于人为因素或自然原因，致使历史文化名镇（村）不符合规定条件的，建设部、国家文物局将撤销其中国历史文化名镇（村）的称号。

附件：1. 第三批中国历史文化名镇名单

2. 第三批中国历史文化名村名单

中华人民共和国建设部

国家文物局

二〇〇七年五月三十一日

第三批中国历史文化名镇名单（限于篇幅此处省略）

第三批中国历史文化名村名单（限于篇幅此处省略）

附件Ⅳ

关于公布第四批中国历史文化名镇（村）的通知

各省、自治区、直辖市建设厅（建委）、文物局，北京市农村工作委员会、天津市规划局：

根据《中国历史文化名镇（村）评选办法》（建村〔2003〕199号）等规定，在各地初步考核和推荐的基础上，经专家评审并按《中国历史文化名镇（村）评价指标体系》审核，住房和城乡建设部、国家文物局决定公布北京市密云县古北口镇等58个镇为中国历史文化名镇（见附件1）、河北省涉县偏城镇偏城村等36个村为中国历史文化名村（见附件2）。

请你们按照《历史文化名城名镇名村保护条例》的要求，进一步理顺管理体制，切实做好中国历史文化名镇（村）的保护和管理工作。要加强对中国历史文化名镇（村）规划建设工作的指导，认真编制保护规划，制定和落实保护措施，杜绝违反保护规划的建设行为的发生，严格禁止将历史文化资源整体出让给企业用于经营。

住房和城乡建设部、国家文物局对已经公布的中国历史文化名镇（村）的保护工作进行检查和监督；对保护不力使其历史文化价值受到严重影响的，将依据《历史文化名城名镇名村保护条例》进行查处。

附件：1. 第四批中国历史文化名镇名单

　　　2. 第四批中国历史文化名村名单

中华人民共和国住房和城乡建设部

国家文物局

二〇〇八年十月十四日

第四批中国历史文化名镇名单（限于篇幅此处省略）

第四批中国历史文化名村名单（限于篇幅此处省略）

附录 V

关于公布第五批中国历史文化名镇（村）的通知

各省、自治区、直辖市住房城乡建设厅（建委）、文物局（文化厅、文管会），北京市农村工作委员会、天津市规划局：

根据《中国历史文化名镇（村）评选办法》（建村〔2003〕199 号）等规定，在各地初步考核和推荐的基础上，经专家评审并按《中国历史文化名镇（村）评价指标体系》审核，住房和城乡建设部、国家文物局决定公布河北省涉县固新镇等 38 个镇为中国历史文化名镇（见附件 1）、北京市顺义区龙湾屯镇焦庄户村等 61 个村为中国历史文化名村（见附件 2）。

请你们按照《历史文化名城名镇名村保护条例》的要求，进一步理顺管理体制，切实做好中国历史文化名镇（村）的保护和管理工作。要加强对中国历史文化名镇（村）规划建设工作的指导，认真编制保护规划，制定和落实保护措施，杜绝违反保护规划的建设行为的发生，严格禁止将历史文化资源整体出让给企业用于经营。

住房和城乡建设部、国家文物局对已经公布的中国历史文化名镇（村）的保护工作进行检查和监督；对保护不力使其历史文化价值受到严重影响的，将依据《历史文化名城名镇名村保护条例》进行查处。

附件：1. 第五批中国历史文化名镇名单

　　　2. 第五批中国历史文化名村名单

中华人民共和国住房和城乡建设部

国家文物局

二〇一〇年七月二十二日

第五批中国历史文化名镇名单（限于篇幅此处省略）

第五批中国历史文化名村名单（限于篇幅此处省略）

附录Ⅵ

住房城乡建设部 国家文物局关于公布第六批中国历史文化名镇（村）的通知

各省、自治区住房城乡建设厅、文物局（文化厅），直辖市规划局（建委、建设交通委、农委）、文物局：

根据《中国历史文化名镇（村）评选办法》（建村〔2003〕199号）等规定，在各地推荐的基础上，经专家评审并按《中国历史文化名镇（村）评价指标体系》审核，住房城乡建设部、国家文物局决定公布河北省武安市伯延镇等71个镇为中国历史文化名镇（见附件1）、北京市房山区南窖乡水峪村等107个村为中国历史文化名村（见附件2）。

请你们抓紧制定完善相关制度和政策，进一步理顺管理体制，切实做好中国历史文化名镇（村）的保护和管理工作。要加强对中国历史文化名镇（村）规划建设工作的指导，认真编制保护规划，制定和落实保护措施，加强督查和责任追究，杜绝违反保护规划的建设行为，严格禁止将历史文化资源整体出让给企业用于经营。

住房城乡建设部、国家文物局对已经公布的中国历史文化名镇（村）的保护工作进行检查和监督；对保护不力使其历史文化价值受到严重影响的，将依据《历史文化名城名镇名村保护条例》进行查处。

附件：1. 第六批中国历史文化名镇名单

2. 第六批中国历史文化名村名单

中华人民共和国住房和城乡建设部

国家文物局

2014年2月19日

第六批中国历史文化名镇名单（限于篇幅此处省略）

第六批中国历史文化名村名单（限于篇幅此处省略）

附录Ⅶ

住房和城乡建设部 国家文物局关于公布第七批中国历史文化名镇名村的通知

各省、自治区住房和城乡建设厅、文物局（文化和旅游厅），海南省自然资源和规划厅，北京市规划和自然资源委员会、文物局，上海市规划和自然资源局、住房和城乡建设管理委员会、文物局，天津市规划和自然资源局、文物局，重庆市规划和自然资源局、文物局，新疆生产建设兵团住房和城乡建设局、文体新广局：

根据《住房城乡建设部、国家文物局关于组织申报第七批中国历史文化名镇名村的通知》（建规函〔2016〕177 号）和《中国历史文化名镇（村）评选办法》等规定，在各地推荐的基础上，经专家评选，住房和城乡建设部、国家文物局决定公布山西省长治市上党区荫城镇等 60 个镇为中国历史文化名镇（见附件 1）、河北省井陉县南障城镇吕家村等 211 个村为中国历史文化名村（见附件 2）。

各地要以习近平新时代中国特色社会主义思想为指导，认真贯彻落实党的十九大和十九届二中、三中全会精神，把中国历史文化名镇名村（以下简称名镇名村）保护与改善镇村人居环境和弘扬中华优秀传统文化有机结合。要理顺名镇名村保护工作机制，完善保护管理规定，切实做好名镇名村保护规划编制、实施的指导和监督管理工作，坚决杜绝违反保护规划的建设行为，严禁将历史文化资源整体出让给企业用于经营。

住房和城乡建设部、国家文物局将对名镇名村保护工作开展评估检查，对保护不力致使名镇名村历史文化价值受到严重影响、历史遗存遭到破坏的，将依据《历史文化名城名镇名村保护条例》有关规定进行查处。

附件：1. 第七批中国历史文化名镇名单

2. 第七批中国历史文化名村名单

中华人民共和国住房和城乡建设部

国家文物局

2019 年 1 月 21 日

第七批中国历史文化名镇名单（限于篇幅此处省略）

第七批中国历史文化名村名单（限于篇幅此处省略）

附录Ⅷ

住房和城乡建设部 文化部 财政部关于公布第一批列入中国传统村落名录村落名单的通知

各省、自治区、直辖市住房城乡建设厅（建委、农委）、文化厅（局）、财政厅（局），计划单列市建委（建设局）、文化局、财政局：

根据《住房城乡建设部等部门关于印发传统村落评价认定指标体系（试行）的通知》（建村〔2012〕125号），在各地初步评价推荐的基础上，经传统村落保护和发展专家委员会评审认定并公示，住房城乡建设部、文化部、财政部（以下称三部门）决定将北京市房山区南窖乡水峪村等646个村落（名单见附件）列入中国传统村落名录，现予以公布。

请按照三部门印发的《关于加强传统村落保护发展工作的指导意见》（建村〔2012〕184号），做好传统村落保护发展工作。各地要继续做好传统村落调查申报，对经评审认定具有重要保护价值的村落，三部门将分批列入中国传统村落名录。对已列入名录的村落的保护发展工作，三部门将予以监督指导。

附件：第一批列入中国传统村落名录的村落名单

中华人民共和国住房和城乡建设部

中华人民共和国文化部

中华人民共和国财政部

2012年12月17日

第一批列入中国传统村落名录村落名单（限于篇幅此处省略）

附录Ⅸ

住房城乡建设部 文化部 财政部关于公布第二批列入中国传统村落名录的村落名单的通知

各省、自治区、直辖市住房城乡建设厅（建委、农委）、文化厅（局）、财政厅（局），计划单列市建委（建设局）、文化局、财政局：

根据《住房城乡建设部等部门关于印发传统村落评价认定指标体系（试行）的通知》（建村〔2012〕125号），在各地初步评价推荐的基础上，经传统村落保护和发展专家委员会评审认定并公示，住房城乡建设部、文化部、财政部（以下称三部门）决定将北京市门头沟区斋堂镇马栏村等915个村落（名单见附件）列入中国传统村落名录，现予以公布。

请按照三部门印发的《关于加强传统村落保护发展工作的指导意见》（建村〔2012〕184号）和《关于做好2013年中国传统村落保护发展工作的通知》（建村〔2013〕102号）要求抓紧建立中国传统村落档案，编制中国传统村落保护发展规划，探索开展保护性修复试点。三部门将对中国传统村落保护发展工作予以监督指导。

附件：第二批列入中国传统村落名录的村落名单

中华人民共和国住房和城乡建设部

中华人民共和国文化部

中华人民共和国财政部

2013年8月26日

第二批列入中国传统村落名录的村落名单（限于篇幅此处省略）

附录X

住房城乡建设部等部门关于公布第三批列入中国传统村落名录的村落名单的通知

各省、自治区、直辖市住房城乡建设厅（建委）、文化厅（局）、文物局、财政厅（局）、国土资源厅（局）、农业厅（农委）、旅游局：

根据《住房城乡建设部等部门关于印发传统村落评价认定指标体系（试行）的通知》（建村〔2012〕125号），在各地初步评价推荐的基础上，经传统村落保护发展专家委员会评审认定，住房城乡建设部、文化部、国家文物局、财政部、国土资源部、农业部、国家旅游局（以下称7部局）决定将北京市门头沟区雁翅镇碣石村等994个村落（名单见附件）列入中国传统村落名录，现予以公布。

请各地按照《关于切实加强中国传统村落保护的指导意见》（建村〔2014〕61号）和《关于做好中国传统村落保护项目实施工作的意见》（建村〔2014〕135号）要求，抓紧建立村落档案，编制保护发展规划，保护文化遗产，探索开展保护性修复试点，做好保护项目实施管理。7部局将对中国传统村落保护发展工作予以监督指导。

附件：第三批列入中国传统村落名录的村落名单

中华人民共和国住房和城乡建设部
中华人民共和国文化部
国家文物局
中华人民共和国财政部
中华人民共和国国土资源部
中华人民共和国农业部
中华人民共和国国家旅游局
2014年11月17日

第三批列入中国传统村落名录的村落名单（限于篇幅此处省略）

附录 XI

住房城乡建设部等部门关于公布第四批列入中国传统村落名录的村落名单的通知

各省、自治区、直辖市住房城乡建设厅（建委）、文化厅（局）、文物局、财政厅（局）、国土资源厅（局）、农业（农牧、农村经济）厅（局、委）、旅游委（局）：

按照《住房城乡建设部等部门关于做好 2015 年中国传统村落保护工作的通知》（建村〔2015〕91 号）要求，在各地推荐上报基础上，经传统村落保护和发展委员会评审认定，并向社会公示，住房城乡建设部、文化部、国家文物局、财政部、国土资源部、农业部、国家旅游局（以下简称 7 部门）决定将北京市门头沟区斋堂镇西胡林村等 1 598 个村落（名单见附件）列入中国传统村落名录，现予以公布。

请各地按照《住房城乡建设部 文化部 国家文物局 财政部关于切实加强中国传统村落保护的指导意见》（建村〔2014〕61 号）要求，认真做好新列入中国传统村落名录村落的建档和保护规划编制工作。申请纳入 2017 年中央财政支持范围的传统村落，请最迟于 2017 年 2 月 20 日前将申请文件连同村落档案、保护发展规划和项目需求表报至住房城乡建设部（村镇建设司）、财政部（经建司）。

附件：第四批列入中国传统村落名录的村落名单

中华人民共和国住房和城乡建设部
中华人民共和国文化部
国家文物局
中华人民共和国财政部
中华人民共和国国土资源部
中华人民共和国农业部
中华人民共和国国家旅游局
2016 年 12 月 9 日

第四批列入中国传统村落名录的村落名单（限于篇幅此处省略）

附录 XII

住房和城乡建设部等部门关于公布第五批列入中国传统村落名录的村落名单的通知

各省、自治区、直辖市住房和城乡建设厅（住房和城乡建设委、住房和城乡建设管委）、文化和旅游厅（局）、文物局、财政厅（局）、自然资源主管部门、农业农村（农牧、农村经济）厅（局、委）：

按照《住房城乡建设部办公厅关于做好第五批中国传统村落调查推荐工作的通知》（建办村〔2017〕52 号）要求，在各地推荐上报基础上，经传统村落保护和发展专家委员会审查，并向社会公示，住房和城乡建设部、文化和旅游部、国家文物局、财政部、自然资源部、农业农村部决定将北京市房山区佛子庄乡黑龙关村等 2 666 个村落（名单见附件）列入中国传统村落名录，现予以公布。

请各地按照《住房城乡建设部 文化部 国家文物局 财政部关于切实加强中国传统村落保护的指导意见》（建村〔2014〕61 号）要求，认真做好中国传统村落保护发展工作。

附件：第五批列入中国传统村落名录的村落名单

中华人民共和国住房和城乡建设部
中华人民共和国文化和旅游部
国家文物局
中华人民共和国财政部
中华人民共和国自然资源部
中华人民共和国农业农村部
2019 年 6 月 6 日

第五批列入中国传统村落名录的村落名单（限于篇幅此处省略）

参考文献

[1] 谢国旗 . 揭开尘封的记忆（鄞州区第三次全国文物普查丛书《历史的回声》之二）[M]. 宁波 : 宁波出版社 , 2011.

[2] 陈蔚 , 罗连杰 . 当代香港历史建筑“保育与活化”的经验与启示 [J]. 西部人居环境学刊 , 2015 (3) : 44–49.

[3] 赵勇 . 中国历史文化名镇名村保护理论与方法 [M]. 北京 : 中国建筑工业出版社 , 2008: 12.

[4] 吴垚 , 肖备 , 谢建民 . 新农村建设中古建筑的生存与保护初探 [J]. 山西建筑 , 2012(12) : 1–2.

[5] 汝军红 . 历史建筑保护导则与保护技术研究 [D]. 天津 : 天津大学 , 2007.

[6] 魏震铭 . 大连历史建筑的“活化”保护对策研究 [J]. 中外企业家 , 2016 (3) : 269–270, 279.

[7] 魏震铭 . 辽宁省历史建筑“活化”保护制度的构建 [J]. 经济研究导刊， 2016(3) : 178–180.

[8] 魏达嘉 . 弥足珍贵的人文生态觉醒——述评上海今年城市历史文化风貌意向的保护传承 [J]. 上海城市规划 , 2009 (5) : 49–53.

[9] 陈伟 . “纽约市地标法”给中国历史建筑保护的启示 [J]. 中国文化遗产 , 2015 (1) : 90–93.

[10] 苑广阔 . “先保护再论证”应成历史建筑保护“金标准”[N]. 中国艺术报 , 2015–03–13 (002) .

[11] 方可 . “先保护 , 后利用 , 不要让文化遗产变成文化遗憾”——访中国村落文化研究中心主任胡彬彬 [J]. 民族论坛（时政版）, 2014 (6) :40–42.

[12] 邢双军 , 王亚莎 . 基于问卷调查的浙江省农村历史建筑现状分析研究 [J]. 装饰 , 2012 (12) :116–117.

[13] 杨贵庆 , 王祯 . 传统村落风貌特征的物质要素及构成方式解析——以浙江省黄岩区屿头乡沙滩村为例 [J]. 城乡规划 , 2018 (1) :24–32.

[14] 高洪波 , 王雨枫 , 王颂 , 等 . 豫南地区传统村落风貌特色保护与更新研究——以信阳西河村为例 [J]. 信阳师范学院学报（自然科学版）, 2018, 31(4) :687–692.

[15] 徐呈程，许建伟，高沂琛．“三生”系统视角下的乡村风貌特色规划营造研究——基于浙江省的实践 [J]. 建筑与文化，2013 (1) :70–71.

[16] 李乘，吴凯详，沈杰．建构浙北乡村建筑风貌体系的思考和实践——以德清县乡村建筑形态调研和设计为例 [J]. 建筑与文化，2017 (6) :194–196.

[17] 董向平．新农村视域下的村庄风貌规划研究 [J]. 安徽农业科学，2012, 40 (26) :13011–13013.

[18] 杨馥源，王德刚．不可移动文物和历史建筑整体保护理念及体系建立初探 [J]. 北京规划建设，2019 (S2) :150–154.

[19] 吴耀欢，赵文婷．当前我国历史城市文化遗存保护中存在的问题与对策 [J]. 开封大学学报，2016, 30 (3) :10–12.

[20] 焦必方，孙彬彬．日本现代农村建设研究 [M]. 上海：复旦大学出版社，2009.

[21] 王岳．构建基于历史建筑保护的价值评价体系——以青岛市信号山街区保护为例 [D]. 山东：青岛理工大学，2011.

[22] 张军，张舒．一种量化的角度对历史建筑立面评价的探索——以中东铁路沿线火车站站房为例 [J]. 河南城建学院学报，2015, 24 (6) :41–47.

[23] 季文媚，牛婷婷．基于再利用的徽州传统建筑评价指标体系研究 [J]. 西安建筑科技大学学报：社会科学版，2016 (3) :74–79.

[24] 余慧，刘晓．基于灰色聚类法的历史建筑综合价值评价 [J]. 四川建筑科学研究，2009, 35 (5) :240–242.

[25] 衣博．历史建筑价值评价中专家调查法的信度效度检验研究 [D]. 黑龙江：东北林业大学，2015.

[26] 徐进亮，吴群．历史建筑价值评价关键指标遴选研究——以苏州历史民居为例 [J]. 北京建筑工程学院学报，2013, 29 (2) :7–11, 31.

[27] 王亚男．青岛近代建筑价值评价与保护利用 [D]. 郑州大学，2005.

[28] 王忙．我国建筑遗产保护高等教育的现状与发展 [J]. 美术研究，2015 (6) : 106–110.

[29] 王少娜，董瑞，谢晖，等．德尔菲法及其构建指标体系的应用进展 [J]. 蚌埠医学院学报，2016, 41 (5) :695–698.

[30] 黄跃昊．我国“历史建筑保护”教育体系现状探析 [J]. 华中建筑，2019, 37 (3) :112–114.

[31] 陈伟．“纽约市地标法”给中国历史建筑保护的启示 [J]. 中国文化遗产，2015, (1) :90–93.

[32] 朱光亚，杨丽霞．历史建筑保护管理的困惑与思考 [J]. 建筑学报，2010 (2) : 18–22.

[33] 肖金亮．中国历史建筑保护科学体系的建立与方法论研究 [D]. 北京：清华大学，2009.

[34] 邱枫 . 基于 GIS 的宁波城市肌理的研究 [D]. 上海 : 同济大学 , 2006.
[35] 朱霞 , 谢小玲 . 新农村建设中的村庄肌理保护与更新研究 [J]. 华中建筑 , 2007 (7) :142–144.
[36] 王聿丽 . 宁波城市空间结构的演化和趋势研究 [D]. 上海 : 同济大学 , 2003.
[37] 童明 . 城市肌理如何激发城市活力 [J]. 城市规划学刊 , 2014 (3) :85–96

后记（致谢）

普通乡村“非成片历史建筑”是宝贵的文化遗产，是乡村个性风貌多样化的重要元素，是乡村振兴战略的文化传统源泉，是乡村文化生活的空间载体，是村民心中的情感归属乐园，是观光客心中向往的田园生活。保护普通乡村“非成片历史建筑”对建设美丽乡村、一村一品、凸显地域文化意义重大，也受到越来越多人的关注。

本研究成果是在多年坚持新农村建设规划和历史建筑保护研究等一系列研究项目的基础上，经过提炼、加工和充实的结果。这其中渗透着作者主持完成的省、市两个课题项目团队的智慧，也有赖于建筑学专业及相关专业的老师和优秀学生的支持。一路走来，本研究成果在研究、撰稿和修改过程中，得到了学院领导、政府领导和行业专家的关心、建议和指导。在深入农村调查过程中得到了三塘村、童一村、天童村、金峨村、道成岙村、东兴村等村干部和村民的大力支持和积极配合；在前期调研过程中，得到了宁波市规划局、宁波市城市规划设计院、宁波市建筑设计研究院、宁波大学建筑学院、浙大宁波理工学院、宁波工程学院等领导、专家和同仁的大力支持。在此一并表示感谢。

感谢参加乡村调查、村庄规划整治提升设计、历史建筑信息调查的方勇锋、王亚莎、任璞、管斌君、柳海宁等老师；感谢参加乡村调查并进行专题设计的王源、刘威宏、腾昔江、陈晓宇、凌国平等同学。

本研究成果在成稿之际，我们深刻地感受到在这个领域仍有许多值得深入研究的问题，因此将继续进行乡村历史建筑保护与对策的研究工作。衷心希望在今后的工作中继续得到以上领导、专家和师生们的支持和帮助，并热切地盼望更多的人关注、关心和参与普通乡村“非成片历史建筑”的保护研究工作。

2020 年 07 月 18 日